综合管廊建设工程规划及设计技术

刘 利 主 编

中国建材工业出版社

北　京

图书在版编目（CIP）数据

综合管廊建设工程规划及设计技术／刘利主编 . --
北京：中国建材工业出版社，2024.3
ISBN 978-7-5160-4052-2

Ⅰ . ①综… Ⅱ . ①刘… Ⅲ . ①市政工程—地下管道—
管道工程 Ⅳ . ① TU990.3

中国国家版本馆 CIP 数据核字（2024）第 012869 号

综合管廊建设工程规划及设计技术
ZONGHE GUANLANG JIANSHE GONGCHENG GUIHUA JI SHEJI JISHU
刘　利　主 编
出版发行：中国建材工业出版社
地　　址：北京市海淀区三里河路 11 号
邮政编码：100831
经　　销：全国各地新华书店
印　　刷：北京印刷集团有限责任公司
开　　本：787mm×1092mm　1/16
印　　张：15.75
字　　数：300 千字
版　　次：2024 年 3 月第 1 版
印　　次：2024 年 3 月第 1 次
定　　价：88.00 元

本书编委会

主　　编：刘　利

参编人员：徐海博　卢　钢　孟　涛　魏金杰

　　　　　张　俊　房宝智　蔺世平　刘钰杰

　　　　　付　晨　冯　源　王伟超　李东梅

　　　　　姜秀艳　辛培霞　王英志　于　力

　　　　　秦培伟　刘金杰　宁广为　叶　陈

前言

　　道路反复开挖，俗称"马路拉链"，这个问题被广大民众诟病多年。现阶段每类地下管线的维护修理都需要开挖城市道路，反复开挖不仅影响城市景观，给出行也带来很大影响。将各类管线统一纳入地下综合管廊，可最大限度地避免道路反复开挖。

　　地下综合管廊是指在城市地下用于集中敷设电力、通信、广播电视、给水、排水、热力、燃气等市政管线的公共隧道。在地下综合管廊中，市政管线有序放置、科学管理，不仅可以极大地方便市政管线的维护和检修，还能有效利用道路下的空间，节约城市用地。与此同时，推进地下综合管廊建设能有效地发挥投资拉动作用，为推动经济增长贡献力量。

　　推进城市地下综合管廊建设是加快补齐地下基础设施短板的重要内容。推进城市地下综合管廊建设，统筹各类市政管线规划、建设和管理，解决反复开挖路面、架空线网密集、管线事故频发等问题，有利于保障城市安全、完善城市功能、美化城市景观、促进城市集约高效和转型发展，有利于提高城市综合承载能力和城镇化发展质量，有利于增加公共产品有效投资，拉动社会资本投入，打造经济发展新动力。

　　地下综合管廊建设稳当前、利长远，一次性投资大，长期效益也大，具有多方面的重要作用。

　　近几年，在应对台风、内涝等方面，一些城市综合管廊的作用已初步显现。综合管廊实现了对入廊管线的动态监测，使日常检修更加便捷高效。它不仅提高了管线安全运行水平，还提升了城市安全保障和灾害应对能力。

综合管廊建设还促进了集约高效利用土地资源，减少了架空线和管线直埋敷设的用地需求，节省土地空间，其释放的土地资源收益回报还能为偿还建设贷款提供有利条件。据测算，25 个试点城市 5000 余千米的高压架空线入廊一项，就增加了 2800 公顷可开发建设用地。我国地下综合管廊建设自 2015 年开始试点，先后确定 2 批共 25 个试点城市，到 2022 年 6 月底，279 个城市、104 个县区累计开工建设管廊项目 1647 个，长度达 5902 千米，形成廊体 3997 千米。试点城市建设带动了全国探索综合管廊建设热潮，推动从"该不该干"向"怎么干"的认识转变，逐步扭转"重地上、轻地下"的现象。

综合管廊建设不仅是城市建设的重要内容，在拉动经济增长方面也发挥着作用。2022 年国务院提出稳住经济大盘 33 条措施，其中之一就是综合管廊建设。综合管廊建设更有效带动了就业。开展综合管廊试点工作以来，按照每 50 万元投资提供 1 个就业岗位计算，2015 年以来累计提供就业岗位 120 万个。

随着综合管廊在各地广泛开展试点，企业参与综合管廊建设的积极性大幅度提升。

"十三五"期间，北京建设了城市副中心综合管廊、全国首个老旧小区地下综合管廊示范工程——住房城乡建设部三里河九号院管廊工程、国内下穿高速公路断面最大的北京新机场综合管廊工程等。其中，北京城市副中心综合管廊投入使用后，将成为国内断面最大的地下综合管廊，包括自来水管、供电电缆、通信电缆、真空垃圾管道等 8 大类 18 种市政管线，分舱归位，有序住进地下宽敞的"集体宿舍"。该管廊也是一个会"呼吸"的管廊，通过集水井收集雨水，经过吸水、蓄水、渗水、净水的过程，在需要时将雨水重新抽上来，用于灌溉和冲洗厕所，从而有效地利用了雨水，赋予城市"水弹性"。作为城市副中心基础设施体系的重要组成部分，综合管廊的建设将大大提升城市副中心的环境承载力。

尽管综合管廊试点工作取得一定成效，但不可否认的是，我国综合管廊建设还处于初级发展阶段，存在制度标准不够完善、规划建设缺乏统筹、部分管廊入廊率偏低、建设运维资金压力大等困难和问题。

2022 年，住房城乡建设部、国家发展和改革委员会联合发布《"十四五"全国城市基础设施建设规划》。其中要求，因地制宜推进地下综合管廊系统建设，提高管线建设体系化水平和安全运行保障能力，在城市老旧管网改造等工作中协同推进综合管廊建设。在城市新区根据功能需求积极发展干、支线管廊，合理布局管廊系统，加强市政基础设施体系化建设，促进城市地下设施之间竖向分层布局、横向紧密衔接。

结合城市老旧管网改造，统筹推进综合管廊建设是综合管廊建设的重要内容。住房城乡建设部将指导各地结合城市更新科学编制综合管廊建设规划，因地制宜确定管廊建设类型、规模和时序，在城市新区建设和老旧城区改造中分类施策，统筹各类管线敷设、老旧管网和架空线入地改造，加快完成在建综合管廊，推进已建成的管廊尽快达到设计能力并投入运营。

同时，我国还将进一步完善法规制度和标准规范，加强城镇地下综合管廊规划、建设、运行及管理等，加快完善综合管廊规划、建设、运营维护的相关制度和标准规范，为高质量推进综合管廊建设提供保障。

本书旨在总结我国综合管廊规划及设计技术，并分享我院的工程案例。由于编者水平有限，疏漏之处在所难免，恳请大家不吝指正。

编者

2023 年 9 月

目 录

4 综合管廊工程特色技术

5 BIM 技术应用

6 智慧管廊

7 综合管廊工程案例

附录

1

综合管廊工程概述

1.1 总 论

1.1.1 概 念

市政基础设施是城市经济和城市空间实体赖以存在和发展的支撑，也是城市社会经济发展、人居环境改善、公共服务提升和城市安全运转的基本保障。市政管线工程涵盖电力、通信、热力、燃气、给水、雨水、污水及再生水等专业管线，被称为城市"生命线"。随着我国城市的高速发展，地下管线长度快速增长，供水、排水、燃气及垃圾处理等普及率均达到92%以上，这对管线的建设管理提出了更高的要求和更严峻的挑战。

传统管线采用直埋方式敷设，专业管线产权分散、各自为政，各种管线重叠交错，集约化程度低，大大浪费了地下资源，且管线维护需反复开挖马路，对周边环境和社会生活均造成不良影响，成为城市发展的制约因素之一。

综合管廊为建于城市地下用于容纳两类及以上城市工程管线的构筑物及附属设施，作为市政管线的一种新型敷设方式，通过统一规划、建设与管理，将多种管线集约化敷设，高效利用有限的城市地下空间资源，维护管线安全，满足城市由粗放向集约转型的需求，具有明显的环境及社会效益。

1.1.2 国外管廊规划建设情况

综合管廊于19世纪发源于欧洲，最早是在圆形排水管道内装设自来水、通信等管道。首条管廊于1833年在法国巴黎建成，到现在已有190多年历史。继法国之后，英国、德国、日本、西班牙等国家分别于1861年、1893年、1926年、1933年陆续开展综合管廊建设。

1. 法国

法国的综合管廊起源于下水道系统，其管廊的主要特点是排水系统入廊的规划、合理建设以及后续的科学管理，为现代管廊的建设提供了宝贵经验。

1833 年，巴黎针对城市排水、防疫方面的实际需求，系统规划设计了城市下水道（排水）系统，并开始了大规模系统建设，被誉为现代排水系统的鼻祖。1852—1878 年，巴黎建成的排水廊道从 152km 发展到 600km，遍布市内的每条街道，经多年扩建已形成 2374km 的排水系统。在巴黎，管廊建设历史悠久，但也因长时间腐蚀、沉降等受损原因，需要对其进行修补。这些管廊包含巴黎的饮用水系统、日常清洗街道及城市灌溉系统、调节建筑温度的冰水系统以及通信管线系统，是世界上最早的综合管廊，电网、煤气管道、供暖系统出于安全考虑并未并入下水道管廊系统中（图 1-1）。

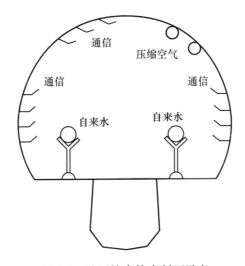

图 1-1　法国综合管廊断面示意

近代以来，巴黎继续逐步推动综合管廊规划建设，并规划了完整的综合管廊系统，纳入给水、电力、电信、冷热水管及集尘配管等，并且为适应现代城市管线的种类多和敷设要求高等特点，把综合管廊的断面修改成矩形形式。迄今为止，巴黎市区及郊区的综合管廊总长已达 2100km。

2. 英国

英国综合管廊同样起源于下水道系统。1858 年的"大恶臭"事件是导致伦敦下水道建设的直接导火索。1861 年，伦敦建设了第一条综合管廊，截面为半圆形，尺寸为 12m×7.6m，其中纳入的管线有污水管、瓦斯管、自来水管、电力、电信等（图 1-2）。目前，伦敦已建成 20 多条综合管廊，管廊建设费用由市政府全部出资，所有权归市政府，建成后出租给管线单位使用，回收资金。

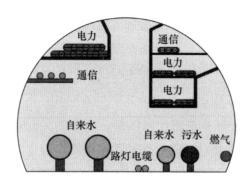

图 1-2　伦敦第一条综合管廊断面

3. 德国

1893 年，原德国汉堡市修建了第一条综合管廊，长度约为 450m，入廊管线包括暖气管、电力、电信缆线、自来水管以及煤气管等，不含排水管道。1945 年，东德耶拿市修建的综合管廊纳入了电缆和蒸汽管道。1959 年，布白鲁他市建设的综合管廊内置了自来水管和瓦斯管，长度约为 300m。1964—1970 年期间，东德苏尔市与哈利市兴建了 15km 以上的地下综合管廊并投入运营。1964 年，东德开始制定兴建综合管廊的实验计划，同时拟定推广综合管廊。东德共纳入的管线包括雨水管、污水管、饮用水管、热水管、工业用水干管、电力电缆、通信电缆、路灯用电缆及瓦斯管等。

德国工业发达，在综合管廊建设中应用了大量先进技术，预制构件逐步工业化。目前，德国的综合管廊总长度已超过 400km（图 1-3）。

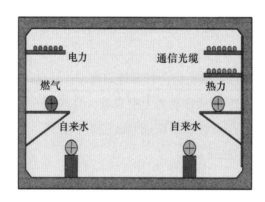

图 1-3　德国综合管廊断面

4. 日本

日本综合管廊的建设始于 1926 年。二十世纪五六十年代，日本开始大规模建设城市地下综合管廊，这正是日本的道路交通迅速发展阶段。1962 年政府宣布禁止挖掘道路。1963 年颁布了《综合管廊实施法》，规定地下综合管廊是城市道路附属设施。1963 年，日本通过并颁布了《关于建设共同沟的特别措施法》，对共同沟的建设从法律层面进行规定。1991 年，日本成立了专门的地下综合管廊建设运营部门，负责指导地下综合管廊的建设和运营工作。1992 年，日本已修建的管廊长度达 310km；1997 年，建成的干管达 446km；2001 年，已建成的管廊长度有 600km 以上，当时在亚洲居首位。据统计，到 2016 年日本修建了共 2057km 以上的综合管廊。

目前，日本地下综合管廊内各专业管线的种类已经超过 6 种（图 1-4）。

图 1-4　东京综合管廊示意图

日本综合管廊的特点主要有：（1）投入最大、标准最高、容纳种类多，且危险气体和液体专用较多；（2）敷设水管线，将污水处理后再回收利用，节约了水资源。

日本综合管廊规划布局完善，部分路段与地铁同时施工、与高架桥本体结构共建，实现地下空间配合利用（图 1-5）。

5. 西班牙

西班牙在 1933 年开始计划建设综合管廊，1953 年马德里市首先开始进行综合管廊的规划与建设。马德里的综合管廊分为槽（crib）与井（shaft）两种，前者为供给管，埋深较浅；后者为干线综合管廊，设置在道路底下较深处且规模较大，能够容纳煤气管以外的其他所有管线（图1-6）。

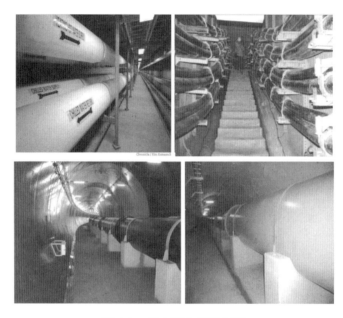

图1-5　日本综合管廊内部

图1-6　西班牙综合管廊内部

综合管廊所容纳电力的电压等级也逐渐由中压提高为高压，随着电缆材料的不断改进，目前已允许电压增至138kV。

6. 新加坡

新加坡首条综合管廊建设在滨海湾，兴建于20世纪90年代末。在亚洲，它是首条廊内有人操作的综合管廊，有第一份保安严密及在有人操作的管廊内安全施工的标准流程《作业手册》，以及第一支管廊项目管理、运营、安保、维护全生命周期的执行团队，全生命周期管理是它最大的亮点。2004 年，滨海湾综合管廊投入运营，如今已成为新加坡综合管廊建设的典型案例。

 ## 1.1.3　国内管廊规划建设情况

总体来讲，我国综合管廊建设经历了五个发展阶段（图 1-7）。

图 1-7　国内综合管廊规划建设阶段概况

概念阶段（1978 年及以前）：由于城市基础设施发展迟缓，设计单位编制混乱，只在北京、上海等个别地区做了部分试验段。

争议阶段（1979—2000 年）：随着改革开放的逐步推进和城市化进程的加快，城市基础设施建设逐步提高，但由于局部利益和全局利益的冲突，导致管廊建设的推进遇到阻力。不过在此期间，一些发达地区开始尝试建设综合管廊项目，某些项目初具规模且可以正规运营。

快速发展阶段（2001—2010 年）：伴随着当今城市经济建设的快速发展以及人口的膨胀，同时为适应城市发展和建设的需要，我国结合前一阶段的实践经验，完成了一大批大中城市的管线综合规划设计和建设工作。

赶超和创新阶段（2011—2017 年）：国务院发布一系列法规，鼓励和提倡社会资本参与到城市基础设施建设上来，我国综合管廊建设开始呈现蓬勃发展的趋势，在建设规模和水平上，已经超越欧美发达国家。

有序推进阶段（2018 年及以后）：国家要求各个城市根据当地实际情况编制更加合理的管廊规划，制定更加切实可行的建设计划，有序推动综合管廊的建设。

1. 北京

北京第一条综合管廊于 1958 年在天安门附近建设，长 1076m，1977 年建造毛主席纪念堂时又将其延长了 500m。2001 年，北京开始建设中关村西区地下管廊，该管廊是我国大陆地区第二条现代化综合管廊，长约 1.9km，于 2003 年建成，最大的亮点是采用三位一体的模式，分为三层：地下一层单向双车道交通环廊，与各地块地库及地面道路相连接；地下二层为支管廊（连接各地块与地下三层主管廊各管线）和综合商业区；地下三层主管廊由 5 个系统组成，分别是燃气、电信、电力、给水与热力。

2009—2013 年，北京在昌平区建设未来科技城综合管廊，长约 3.9km。之后，北京又陆续建设了北京 CBD 核心区综合管廊、北环环隧综合管廊、通州文旅区地下综合管廊、王府井地区地下综合管廊、北京世园会地下综合管廊、冬奥会延庆赛区综合管廊、北京新机场高速公路地下综合管廊等多个项目。

其中，王府井地区地下综合管廊是北京市首次尝试将地铁与管廊结合建设，是老商业核心区综合管廊随轨道交通共同建设的典型项目。王府井地段繁忙，无法大面积明挖，且地下管线设施复杂，建设难度大。借修建轨道交通的机会修建综合管廊，将修建车站时需开挖的降水导洞改造成综合管廊，不仅降低成本、提高效率，还减少对人们日常交通出行的影响，具有良好的社会效益，其经验可供其他有需要建设综合管廊的老城区参考。

2. 上海

1994 年，上海建设了我国大陆地区首条规模较大管廊——张杨路共同沟，全长11.125km，首次容纳了危险性大的燃气管道。

2002 年，上海在安亭新镇建设国内第一条网络化综合管廊工程，长度约 5.78km，是我国大城市卫星城镇综合管廊规划建设的"第一"，解决了空间布置方面管廊互相交叉的技术难题。2007 年，上海在世博园区建设综合管廊，是国内首次使用预制装配技术的管廊，长约 6km，开创了我国大型国际展览园区的展期配套服务与展后高强度再开发的超前配套建设先河。该项目最大的亮点是预制装配技术，这也是未来的发展方向之一。

北京、上海的地下综合管廊建设均是在 2000 年以后迅猛发展的。截至 2017 年，北京已建综合管廊的长度为 13.92km，上海已建综合管廊的长度为 23.72km。

2017 年，上海结合新城区建设和旧城区改造相继开展了松江南部大型居住社区综合管廊、桃浦科技智慧城综合管廊与临港地区综合管廊三大试点工程建设。其中，松江南部大型居住社区综合管廊试点工程位于新城区，探索了新城区如何建设综合管廊，如何与市政道路、居民社区衔接；桃浦科技智慧城综合管廊试点工程位于老工业区，是在地下管线繁杂的中心城区探索如何建设好综合管廊，该工程使用了新研发的"预制地下连续墙＋叠合板"的地下预制拼装工艺；临港地区综合管廊试点工程位于新城主城区，该地区地下空间包括新建部分和已开发部分，较为复杂。综合新、老城区两种情况，三大试点工程都结合了"海绵城市"的建设理念。

3. 深圳

2005 年，深圳建设市内第一条综合管廊，长度为 2.67km；2008 年，深圳光明新区建成了深圳第一条监控完备的管廊，长约 8.6km；2012 年，深圳前海合作区结合高压电缆隧道同步建设综合管廊。据统计，截至 2015 年底，深圳建设综合管廊的总长度约为 13.6km。如今，深圳建设发展综合管廊已有十多年。这十多年间，深圳市编制了多个综合管廊规划，形成了按"总体专项规划＋区域详细规划＋小片区详细规划"分层次的规划体系，是国内首个按该体系编制管廊规划的城市。

4. 广州

广州大学城综合管廊是广东省规划建设的第一条综合管廊，也是当时国内距离最长、规模最大、体系最完整的综合管廊。该管廊于 2003 年下半年开工建设，2004 年投入使用，2005 年全部建成。广州大学城综合管廊全长 18km，并配备控制中心及监控系统、消防系统、排水系统、通风系统、照明系统，便于今后综合管廊的运行管理和监控（图 1-8）。

图 1-8　广州大学城综合管廊内部

广州大学城综合管廊主要布置了供电、供水、供冷、电信和有线电视五种管线。各种管线按强弱电分离、水电分离和按防火等级不同进行分舱的原则，各自独立分层布置，并留有足够的空间，便于人员和设备进入其中安装和维修。

5. 台湾

1987 年，台北市地铁施工造成了地下管线故障，严重影响居民生活，台湾开始重视综合管廊的建设。1990 年，台北市政府设立共同管道科。1991 年，台北建设完成第一条长约 7km 的综合管廊。1992 年，台湾开始研究共同管道法立法，2000 年 5 月通过了立法并于同年 6 月正式实施，隔年 12 月颁布了母法细则以及综合管廊的建设经费分摊方法和工程设计标准，并授权给当地的政府制定维护综合管廊的方法。2002 年，台湾的综合管廊建设已超过 150km。目前，台湾地区已有超过 400km 的综合管廊建成运营。

6.国家试点城市

我国地下综合管廊建设从 2015 年开始试点，先后确定 2 批共 25 个试点城市，其中 2015 年 10 个、2016 年 15 个，分别为：包头、沈阳、哈尔滨、苏州、厦门、十堰、长沙、海口、六盘水、白银、郑州、广州、石家庄、四平、青岛、威海、杭州、保山、南宁、银川、平潭、景德镇、成都、合肥、海东。

根据财政部 2014 年底发布的《关于开展中央财政支持地下综合管廊试点工作的通知》，规定国家对地下综合管廊试点城市给予专项资金补助：直辖市每年 5 亿元、省会城市每年 4 亿元、其他城市每年 3 亿元；对采用 PPP 模式达到一定比例的，按上述补助基数再奖励 10%。

根据统计，到 2022 年 6 月底，279 个城市、104 个县区累计开工建设管廊项目 1647 个、长度 5902km，形成廊体 3997km。

1.1.4 青岛市管廊规划建设情况

青岛为国内较早开展地下综合管廊探索的城市之一。截至目前，全市建成各类管廊达 170km，入廊管线全面涵盖给水、再生水、雨水、污水、热力、燃气、电力和通信等，总长度超 2000km。

青岛于 2008 年率先在高新区启动建设了 55km 地下综合管廊，主要分布在智力岛路、聚贤桥路、火炬路、河东路等 16 条主要道路的单侧绿化地下，管廊已于 2010 年投入使用。投入使用后，高新区享受到了地下综合管廊"红利"：一定程度上杜绝了"马路拉链"式开挖和空中"蜘蛛网"现象，节省了道路重复开挖、重复维修的费用，扩大了城市空间，提高了城市承载能力。

2016 年 4 月，青岛入选全国第二批地下综合管廊试点城市，结合新区开发、重大基础设施和城市道路建设，青岛在李沧区、西海岸新区、高新区、蓝色硅谷核心区、青岛新机场 5 个区域建设了 21 个地下综合管廊试点项目，总长度超 49km。与此同时，青岛紧密结合城市更新和城市建设三年攻坚行动，因地制宜开展综合管廊建设。试点期间，青岛摸索构建一套完善的综合管廊"建设—运维—考核"制度体系，强化了制度保障。与此同时，青岛还陆续编制了综合管廊专项规划、分区规划以及建设、验收相关技术导则，形成了独具青岛特色的综合管廊规范标准体系。在胶东机场，长约

19km 的地下"大动脉"为新机场建设和平稳运行保驾护航，这是国内第一个服务地铁、高铁、公交、航空零换乘的大型综合管廊项目，也是第一个将污水、燃气管线入廊的机场综合管廊，各类管线的维护也都能在廊内完成（图 1-9）。

图 1-9　青岛胶东国际机场地下综合管廊热力舱和缆线舱

2019 年，随着试点任务的完成，青岛地下综合管廊的建设进度没有就此止步，而是结合城市更新建设、城市道路和管网建设改造、地下空间开发利用同步规划。如唐河路—安顺路打通工程，同步建设综合管廊，其已成为全市率先使用整体式综合舱室预制管廊的项目（图 1-10）。在推进历史城区保护更新的过程中，青岛也因地制宜融入地下综合管廊，进一步提升城市品质，增强城市发展韧性。

图 1-10　唐河路—安顺路打通工程的首节预制地下综合管廊安装完成

在 2022 年 5 月青岛推出的"稳增长 89 条"中，也重点提到"在城市老旧管网改造等工作中协同推进管廊建设"。根据青岛批复实施的《青岛地下综合管廊专项规划（2016—2030 年）》显示，全市规划综合管廊总长度为 195.6km，其中 2016—2020 年规划建设综合管廊为 93.6km，目前均已完成，远期规划建设综合管廊为 102km。

2016 年以来，青岛组建综合管廊投资、建设、运营平台公司，引进大型央企参与建设，有效提高综合管廊的建设效率。据统计，青岛 90% 以上的地下综合管廊试点项目实现了监管运作（图 1-11、图 1-12）。

图 1-11 青岛西海岸新区贡北路地下综合管廊通信舱

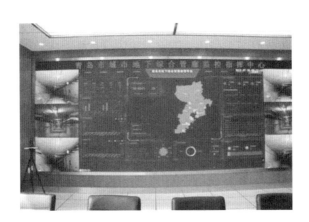

图 1-12 青岛市级地下综合管廊监管平台

青岛地下综合管廊建设取得了明显的社会效益、生态效益和经济效益，减少道路、管线破路开挖面积约 420 万 m²，节约投资约 22 亿元，同时极大减少"马路拉链"现象，提升道路交通效率；消除架空线长度约 315km，释放土地面积约 630 万 m²，实现土地增值约 378 亿元，有效集约利用地下空间，提升土地资源价值；减少供水漏损量约 72 万吨 / 年，降低漏损损失约 273.5 万元 / 年；提高城市道路和各类管线使用寿命，降低基础设施建设成本。

1.2 相关政策

早在 2005 年，建设部在其工作要点中提出："研究制定地下管线综合建设和管理的政策，减少道路重复开挖率，推广共同沟和地下管廊建设和管理经验"，在 2006 年又将《城市市政工程综合管廊技术研究与开发》作为国家"十一五"科技支撑计划开展课题研究。后来，为了配合城市的综合建设，国务院、住房城乡建设部、财政部及发展改革委等部委相继颁布了一系列的政策法规，从规划编制、建设区域、科技支撑、投融资、入廊收费等方面给出了详细的指导意见，这些对我国综合管廊建设都起到了极其重要的推动作用。

自 2013 年起，国家层面陆续推出相关政策文件，大力支持综合管廊建设，综合管廊进入了快速发展时期，同时也掀起了人们研究管廊的热潮。

1.2.1 国家政策

《关于加强城市基础设施建设的意见》（国发〔2013〕36 号）（2013.9.6）；

《关于开展中央财政支持地下综合管廊试点工作的通知》（财建〔2014〕839 号）（2014.12.26）；

《国务院办公厅关于推进城市地下综合管廊建设的指导意见》（国办发〔2015〕61 号）（2015.8.10）；

《关于进一步加强城市规划建设管理工作的若干意见》（中发〔2016〕6 号）（2016.2.6）；

《全国城市市政基础设施建设"十三五"规划》（2017.5）；

《关于 2018 年国民经济和社会发展计划执行情况与 2019 年国民经济和社会发展计划草案的报告》（2019.3）；

2017—2022 年《政府工作报告》；

《国务院关于印发扎实稳住经济一揽子政策措施的通知》（国发〔2022〕12 号）

（2022.5.31）；

《关于印发"十四五"新型城镇化实施方案的通知》（发改规划〔2022〕960号）（2022.6.21）。

1.2.2　山东省政策

《山东省人民政府办公厅关于贯彻落实国办发〔2014〕27号文件加强城市地下管线建设管理的实施意见》（鲁政办发〔2015〕16号）（2015.4.18）；

《山东省人民政府办公厅关于贯彻落实国办发〔2015〕61号文件推进城市地下综合管廊建设的实施意见》（鲁政办发〔2015〕56号）（2015.12.7）；

《关于推进地下管线纳入城市地下综合管廊的意见》（鲁建城建字〔2017〕26号）（2017.6.13）；

《山东省住房城乡建设领域标准化发展"十四五"规划》（2022.3.22）；

《山东省城市地下综合管廊管理规定》（2022.11）。

1.2.3　青岛市政策

青岛市发展和改革委员会《关于鼓励和引导社会资本参与投资基础设施等领域项目的实施方案》（2014.10.13）；

《青岛市人民政府办公厅转发市财政局市发展改革委人民银行青岛市中心支行关于在公共服务领域推广运用政府和社会资本合作模式实施意见的通知》（青政办字〔2016〕5号）（2016.1.14）；

《关于印发〈青岛市财政局地下综合管廊及海绵城市建设PPP项目运作组织管理办法〉的通知》（青财债〔2016〕30号）（2016.4.1）；

《青岛市人民政府办公厅关于加快地下综合管廊建设的实施意见》（青政办发〔2016〕9号）（2016.4.8）；

《青岛市财政局青岛市城乡建设委员会关于印发〈地下综合管廊建设资金管理暂行办法〉的通知》（青财建〔2016〕42号）（2016）；

《关于加强青岛市地下综合管廊建设考核评价工作的通知》（青建城字〔2016〕49号）（2016）；

《关于印发〈青岛市城市综合管廊工程建设技术导则（试行）〉和〈青岛市城市综合管廊工程建设技术图集（试行）〉的通知》（青建城字〔2016〕55 号）（2016.4.19）；

《关于我市地下综合管廊实行有偿使用制度的指导意见》（青价费〔2016〕11 号）（2016.5.1）；

《关于加快地下综合管廊建设的实施意见》（青政办发〔2016〕9 号）（2016）；

《关于加强青岛市综合管廊运营维护管理考评工作的通知》（2019.11.7）；

《青岛市地下综合管廊管理办法》《青岛市地下综合管廊规划建设管理办法》（青政办发〔2021〕7 号）（2021.3.30）。

1.3 技术标准体系概述

总体来讲，我国在管廊建设标准规范的制定上远远滞后于工程建设。

2012 年之前，国内并无综合管廊相应规范及标准。综合管廊工程建设初期，多借鉴各专业管线的规范和标准，如电力、热力及给水等规范及图集等，整体还处于探索阶段，存在较多不满足现行标准的情况，如防水做法不完善、电力与热力同舱室等。

目前，国家标准《城市综合管廊工程技术规范》（GB 50838—2015）、《城镇综合管廊监控与报警系统工程技术标准》（GB/T 51274—2017）已经颁布，行业标准《城市地下综合管廊运行维护及安全技术标准》已经颁布，团体标准《城市综合管廊工程防水材料应用技术规程》《城市综合管廊运营管理标准》《综合管廊管线工程技术规程》《城市综合管廊施工及验收规程》或正在编制或已经颁布，综合管廊的国家标准图设计已有《综合管廊工程总体设计及图示》《现浇混凝土综合管廊》《综合管廊缆线敷设与安装》《综合管廊供配电及照明系统设计与施工》《综合管廊监控及报警系统设计与施工》等。

综合管廊建设技术标准体系（表 1-1）正在不断完善中。

表 1-1 我国城市综合管廊技术标准体系

分类内容	国家标准和行业标准	协会标准	地方标准
总体	《城市综合管廊工程技术规范》	《城市综合管廊工程基本术语标准》 《城市综合管廊 BIM 应用技术标准》 《城市综合管廊安全管理标准》 《城市综合管廊工程资料管理规程》 《城市综合管廊工程监测技术规程》	山东、上海、重庆、天津、贵州、河北等地技术规范或建设标准
规划	—	《城市综合管廊工程规划编制标准》	—
设计	—	《城市综合管廊工程总体设计标准》 《城市综合管廊运营管理中心设计标准》 《预制拼装综合管廊设计规程》 《城市综合管廊抗震设计规程》	北京、山东、陕西等地设计规范或标准
施工	—	《地下综合管廊防水技术规程》 《装配式钢结构综合管廊技术规程》 《城市综合管廊施工及验收规程》 《综合管廊波纹钢结构技术规程》 《预制装配整体式综合管廊施工及验收规程》 《地下综合管廊混凝土构件质量检验评定标准》 《城市综合管廊施工技术标准》 《分块预制装配式综合管廊施工及验收规程》 《城市综合管廊绿色建造技术标准》	北京《城市综合管廊施工及质量验收规程》
管线	—	《综合管廊管线工程技术规程》 《综合管廊给排水管道敷设和安装规程》 《综合管廊燃气管道敷设和安装规程》 《综合管廊热力管道敷设和安装规程》 《综合管廊缆线敷设和安装规程》	—
附属	《城镇综合管廊监控与报警系统工程技术标准》	《城市综合管廊固定灭火系统技术规程》 《城市综合管廊装配式支吊架系统应用技术规程》 《城市综合管廊消防设施技术规程》 《城市综合管廊排水设施技术规程》 《城市综合管廊通风设施技术规程》 《城市综合管廊供配电设施技术规程》 《城市综合管廊自动巡检系统技术标准》	—
运营	《城市地下综合管廊运行维护及安全技术标准》	《城市综合管廊运营管理技术标准》 《城市综合管廊维护技术规程》 《城市综合管廊智慧管理技术标准》 《城市综合管廊安全管理技术标准》	北京、上海《城市综合管廊运行维护技术规程》

2

综合管廊工程专项规划编制

2.1 规划编制依据及指导性文件

2.1.1 规划编制依据

1. 国家标准：

《城市综合管廊工程技术规范》（GB 50838—2015）；

《特殊设施工程项目规范》（GB 55028—2022）；

《城镇综合管廊监控与报警系统工程技术标准》（GB/T 51274—2017）；

《城市地下综合管廊运行维护及安全技术标准》（GB 51354—2019）；

《管廊工程用预制混凝土制品试验方法》（GB/T 38112—2019）；

《城市综合管廊运营服务规范》（GB/T 38550—2020）；

《城市地铁与综合管廊用热轧槽道》（GB/T 41217—2021）；

《综合管廊工程总体设计及图示》（17GL101）；

《现浇混凝土综合管廊》（17GL201）；

《综合管廊附属构筑物》（17GL202）；

《综合管廊基坑支护》（17GL203-1）；

《综合管廊给水管道及排水设施》（17GL301、17GL302）；

《综合管廊热力管道敷设与安装》（17GL401）；

《综合管廊缆线敷设与安装》（17GL601）；

《综合管廊供配电及照明系统设计与施工》（17GL602）；

《综合管廊工程 BIM 应用》（18GL102）；

《预制混凝土综合管廊》（18GL204）；

《预制混凝土综合管廊制作与施工》（18GL205）；

《综合管廊污水、雨水管道敷设与安装》（18GL303）；

《综合管廊燃气管道敷设与安装》（18GL501）；

《综合管廊燃气管道舱室配套设施设计与施工》（18GL502）；

《城市综合管廊工程防水构造》（19J302）；

《室外管道钢结构架空综合管廊敷设》（19R505 19G540）；

《综合管廊消防设施设计与施工》（22GL304）。

2. 地方性标准：

《城市地下综合管廊工程设计规范》（DB37/T 5109—2018）；

《城市地下综合管廊工程施工及验收规范》（DB37/T 5110—2018）；

《城市地下综合管廊运维管理技术标准》（DB37/T 5111—2018）；

《节段式预制拼装综合管廊工程技术规程》（DB37/T 5119—2018）；

《钢筋混凝土综合管廊工程施工质量验收标准》（DB37/T 5172—2020）。

2.1.2　规划编制指导性文件

《关于加强城市基础设施建设的意见》（国发〔2013〕36号）；

《关于开展中央财政支持地下综合管廊试点工作的通知》（财建〔2014〕839号）；

《城市地下综合管廊工程规划编制指引》（建城〔2015〕70号）；

《城市地下综合管廊工程投资估算指标 ZYA1-12（11）—2018》；

《城市地下综合管廊工程消耗量定额 ZYA1-31（12）—2017第一册　建筑和装饰工程》；

《国务院办公厅关于推进城市地下综合管廊建设的指导意见》（国办发〔2015〕61号）；

《关于进一步加强城市规划建设管理工作的若干意见》（中发〔2016〕6号）；

《城市地下综合管廊建设规划技术导则》（建办城函〔2023〕134号）。

2.2　规划编制基本要求

2.2.1　功能及定位

管廊建设规划是用于指导管廊工程建设的专项规划，是城市规划的重要组成部分，应纳入城市规划体系。

管廊建设规划应根据城市总体规划、地下管线综合规划、控制性详细规划编制，与地下空间规划、道路规划等保持衔接。

2.2.2 编制原则

编制城市综合管廊工程规划，主要考虑如下原则：

（1）与城市发展目标相协调。

（2）与城市结构形态相协调。

（3）与城市景观可持续发展相协调。

（4）以适度超前的原则，构建综合管廊系统。

（5）节约土地资源，保证基础设施的可持续发展。

（6）统一规划，近期远期相结合。

2.2.3 重点内容

综合管廊规划应合理确定管廊建设区域和时序，划定管廊空间位置、配套设施用地等三维控制线，纳入城市黄线管理，管廊建设区域内的所有管线应在管廊内规划布局。

2.2.4 规划统筹

综合管廊规划主要根据城市功能分区、空间布局、土地使用、开发建设等，结合一种或几种工程管线主要路由，确定管廊的系统布局；同时，为了增加管廊的使用效率，可通过对专项规划的优化，将各工程管线的主要路由调整到干线管廊位置。

城市地下综合管廊工程规划主要根据规划区域内的城市总体规划、地下管线综合规划、控制性详细规划等进行编制，并与地下空间规划、道路规划等衔接一致。

原则上，规划区域内所有的工程管线都应在综合管廊内规划布局。老城区应统筹各现状管线入廊时序，并根据城市总体规划以及重要地下管线规划的修改及时进行调整；新区综合管廊工程规划应尽量与新区规划同步编制，协调一致，做到重要管线路由和道路主次干道基本一致。

管廊工程规划与其他规划协调一致的关系主要体现在四个方面：（1）与城市总体规划协调一致，统筹考虑综合管廊与用地布局、路网结构、人口规模、产业特点和重点发展区域的关系；（2）与管线综合规划协调一致，根据管线综合规划，统筹考虑，合理确定综合管廊建设类型和建设区域；（3）与专业规划协调一致，根据道路、电力、通信、给水、燃气、热力及排水等专项规划，统筹考虑入廊管线种类及容量，合理进行分舱；（4）与控规协调一致，详细规划管线内容，合理确定综合管廊三维控制线的划定，明确各类孔口及设施的用地情况。

管廊专业规划的编制兼具包容性和可实施性，要做到与管线权属单位、运营管理单位以及市民共同参与。

2.2.5　管线入廊要求

综合管廊内宜收纳通信管线、电力管线、给水管线、热力管线、再生水管线。若敷设燃气管线时，必须采取单独一个舱位敷设，并与其他舱位有效隔断，并设置有效的安全措施。综合管廊内相互无干扰的工程管线可设置在管廊的同一舱室，相互干扰的工程管线应分别设在管廊的不同舱室。热力管道、燃气管道不得同电力电缆同舱敷设。燃气管道和其他输送易燃介质管道纳入综合管廊应符合相应的专项技术要求。

2.2.6　规划期限

管廊工程规划期限应与城市总体规划一致，并考虑长远发展需要，建设目标和重点任务应纳入国民经济和社会发展规划。

2.3 规划编制基本方法

2.3.1 技术路线

技术路线示意如图 2-1 所示。

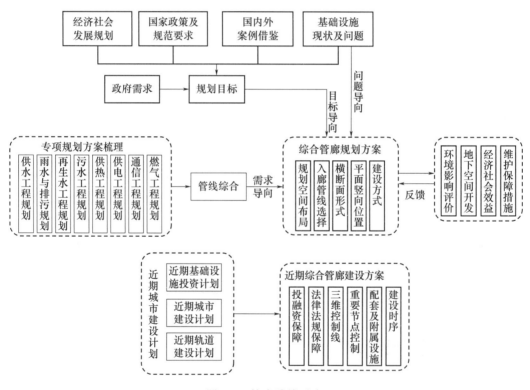

图 2-1 技术路线示意

2.3.2 现状调查

现状调查是规划的重要阶段，由此可掌握城市的现状建设条件和规划需求。

《城市地下综合管廊建设规划技术导则》明确调研包括三部分内容：一是对相关职能部门、管线单位、工程主管部门等进行调研；二是系统收集现状、规划、建设计划等资料；三是做好实地查勘，尤其要对重要的市政基础设施、现状管线、道路建设及交通情况、不良地质条件、近期项目的可实施性等进行调研。

2.3.3　规划协调

1.综合管廊建设区域与总规、控规、地下空间规划相衔接

城市总体规划中对一个城市的空间发展布局、用地性质规划、重点发展区域进行了明确的规定。综合管廊在配建率有限的情况下必然要在重点开发区、城市发展轴线等区域重点研究、重点建设；详细规划细化每个区域的用地性质、开发强度、概念性建设方案；综合管廊建设区域需结合控规深入分析。综合管廊建设是地下空间开发的一部分，必须与之衔接。

2.综合管廊系统布局与管线综合、道路网、轨道交通规划相协调

首先应与管线综合规划协调一致。综合管廊作为市政管线的载体，决定了其系统布局必须以管线布局为重点研究对象。管线综合规划对电力、通信、热力、燃气、给水、再生水、排水等管线进行平面和竖向统一规划，明确了市政道路下管线系统类型、种类、容量等内容。市政主干管的系统布局很大程度上决定了综合管廊系统的布局。

其次要考虑道路网规划、轨道交通规划的影响。综合管廊适宜在交通流量大、地下管线密集的城市主要道路下建设，宜配合轨道交通、地下道路等建设工程地段和其他不宜开挖路面的路段进行建设。所以，综合管廊规划必须考虑道路网规划以及轨道交通规划的影响。

2.4 规划编制内容及技术要点

2.4.1 编制内容

1. 总体规划

总体规划要以城市总体规划为依据，与市级道路交通及相关市政管线专业规划相衔接。其工作任务主要包括：从市级层面确定城市综合管廊系统的总体布局，保障全市综合管廊的系统性和整体性，合理确定入廊管线种类，形成干线管廊、支线管廊和缆线管廊等不同层次的主体，形成点、线、面相结合的完善综合管廊体系，并对区（或街道）级行政区、城市重点地区或特殊要求地区的综合管廊规划建设提出针对性的指引。工作深度至少应达到城市主、次干道路深度，并提出管廊标准断面形式、道路下位置、竖向控制的原则和规划保障措施。

2. 详细规划

管廊专项详细规划一般在区（或街道）级行政区、城市重点地区或特殊要求地区编制，以城市详细规划为依据。其工作任务主要包括：结合各区域实际情况，对综合管廊专项总体规划确定的干、支线综合管廊路由方案进行优化和完善，增加对缆线管廊布局的研究，细化、量化各路段综合管廊入廊管线的类型和数量，以此对各路段综合管廊进行详细的断面设计；深化、细化三维控制线和重要节点的控制要求，对各路段综合管廊沿线配套和附属设施进行选址与布置；依据详细的断面设计估算投资规模，并合理安排建设时序，深化与落实各路段的综合管廊保障措施。工作深度应达到城市支路深度，并对各类综合管廊的位置、纳入管线、断面设计、配套设施、附属设施、三维控制线、重要节点控制及投资估算等内容应进行详细研究，为综合管廊工程设计提供直接依据。

2.4.2 规划可行性分析

由于规划实施对管线入廊和运营维护存在较高要求，尤其老城区等现状复杂、存在较多限制条件，项目实施难度较大，因此规划编制需对可行性分析、实施保障加大研究力度。《城市地下综合管廊建设规划技术导则》（以下简称《导则》）提出，可行性分析需考虑两个方面：一是分析综合管廊建设的必要性，包括城市发展质量提升、安全保障、管线统筹管理，以及需解决的"马路拉链、空中蛛网"等城市病问题；二是分析综合管廊建设的可实施性，既要考虑城市的经济发展水平能否支撑综合管廊的建设和运维费用，又要分析道路交通、地下空间利用、管线建设等建设条件对综合管廊实施的保障。该阶段的分析还要与管廊建设规模和投资估算等内容相互呼应。根据各路段管廊建设的可行性分析及系统布局方案，规划得出综合管廊的总规模。同时，结合新区开发、旧城改造、棚改及道路、轨道交通、市政基础设施等改造和建设时机，提出综合管廊近、中、远期的建设时序，以及干、支缆线等不同类型综合管廊建设的目标。

2.4.3 建设区域

在城市建设范围内，建设区域分为综合管廊优先建设区和一般建设区。其中，城市新区与重点建设区、地下空间集中开发区、重要的轨道交通枢纽等区域是管廊的优先建设区，除此之外，其他的城市建设用地为一般建设区。首先对整个城市的自然地质条件，包括地形地貌、地质灾害、活动断层等不良地质条件进行分析，明确适宜建设的区域。在此基础上，进一步分析城市建设的影响因素，通过管线路由、交通状况、商业区域、旧城改造区域、地下空间开发等多因素叠加分析，得出优先建设综合管廊的区域。

纵观国内已实施综合管廊的城市，大部分综合管廊布局较为简单，选择敷设于城市新区和重要园区的主干道路，这是因为城市新区和重要园区的建设标准相对较高，对城市道路交通、景观、环境的要求也较高。但同时应该注意到，老城区既是城市居民主要聚集区，也是城市基础设施问题主要集中区，有必要积极推进老城区综合管廊建设。若不能解决老城区的管线问题，综合管廊就不能形成网络，地下综合管廊作为民生工程的意义也将大打折扣。本书在大量案例研究的基础上，提出了更为全面、合理的建设区域选取方案。

2.4.4　系统布局

结合整个城市功能分区、空间布局以及土地使用状况、开发建设需求、道路系统布局，确定综合管廊系统布局和管廊类型，有 4 类区域可重点分析能否选为管廊路由：一是交通和景观影响较大的干道或快速路；二是道路下方市政管线敷设需求较大的区域；三是地下空间紧张的区域；四是人防、地下综合体等地下设施统筹建设区域。对管线种类和数量越多、交通越繁忙的区域，综合管廊建设的综合效益就越高。在系统布局中，不仅要考虑不同区域的片区建设需求，还要从全市整体布局出发，来实现系统布局的关联性和系统性。

《导则》对干线、支线、缆线等不同类型管廊提出了规划编制要求。干线综合管廊要在规划范围内选取具有较强贯通性和传输性管线路由进行布局；支线综合管廊应选择对周围区域服务性较强的路由进行布局，重点考虑与干线综合管廊系统的关联性；缆线管廊是整个管廊系统的"毛细血管"，与支线综合管廊、直埋管线等相互衔接。在架空线入地需求大的旧城改造区、全电缆敷设的城市新区或电力通信管线进出线较多的区域，可建设缆线管廊。

综合管廊系统布局规划，应做好规划、建设、管理全生命周期各方面需求的统筹。鉴于综合管廊和入廊管线的运营管理需要，不建议采用过于碎片化的建设布局模式。对于需要管线集中穿越铁路、河道、高速公路等设施的节点，在进行安全论证的基础上规划综合管廊，这样有利于后期管线的运营维护。各地结合全生命周期安全需求，探索了许多因地制宜布局综合管廊的实践经验。如深圳综合管廊规划提出"因地、因时、因势"的原则，抓住轨道交通建设等 8 类有利时机，开展管廊建设，提高了规划的可实施性。哈尔滨按照"结合地铁工程、结合老旧管网、结合道路改造、结合新区建设"四个原则进行谋划，建成网格式地下管廊系统。郑州市运用"六个结合"统筹协调、多因素组合叠加的分析方法，通过构建综合管廊骨干网络，形成纵横贯通的能源输送网络结构，并完善了管廊微循环系统。贵安新区针对山地城市建设用地紧张等特点，以高压电缆入地为主导，与其他市政专项规划相互融合，构建系统布局。

2.4.5　管线入廊分析

1.电力、通信缆线入廊分析

电力、通信缆线在综合管廊内具有可以灵活布置、不易受综合管廊纵横断面变化限制的优点，而传统的埋设方式受维修及扩容的影响，造成挖掘道路的频率较高。此外，根据对国内管线事故的调查研究，电力、通信缆线是容易受到外界破坏的城市管线，在信息时代，由这两种管线的破坏所引起的损失也越来越大。因此，电力、通信缆线应纳入综合管廊。

2. 给水管道入廊分析

国内外已建的综合管廊均纳入了给水管线。与传统的直埋给水管线相比，纳入综合管廊的给水管线具有以下特点：一是最大限度地避免因外界破坏引起的自来水管爆裂，同时避免造成交通堵塞；二是依托综合管廊的安全保护和管廊先进的管理设施，可以及早发现管线的漏水问题，避免更大的损失；三是为管线扩容提供了便利的条件，同时在管廊内也留有足够的作业空间，以便管线的接出和接入。

将给水管道纳入综合管廊中还需要考虑室外消火栓的设置。根据工程经验及相关资料，一般有两种解决方案：一种是根据一定间距，从管廊内的给水管道上引出给水支管至路侧，再设置消火栓，即管廊支管形式；另一种是将管廊外直埋的给水支管作为室外消防管道，即消防管道直埋形式。可以看出，这两种解决方案均存在不足：当采用管廊支管形式时，根据规范规定，室外消火栓的间距不应大于120m，因此每隔不超过120m就需要从管廊中引出支管，设置消火栓，这样就增加了管沟支管的数量和管道交叉。如果按照200~300m引出给水支管，则需要在管廊外直埋一段管道后再设置消火栓。当采用消防管道直埋形式时，往往会造成在某条道路下管沟内敷设一根给水管道，而道路下直埋一根消防管道，如此就会导致综合管廊减少管道数量、节省占地等优势无法发挥，工程投资也会增加，同时还增加了故障点，为给水管道的运行增加了安全隐患。

3. 天然气管道入廊分析

天然气管道纳入城市综合管廊，最需要考虑的就是安全问题，这也是制约着城市综合管廊建设的大问题，可以说解决这个问题就意味着解决了城市天然气管道入综合管廊的问题。对于天然气管道入综合管廊的具体实施，《城镇燃气设计规范》（GB 50028—2006）和《电力工程电缆设计标准》（GB 50217—2008）作出了这样的规定：天然气入综合管廊必须将其管道敷设在单独的管舱之内，不能与其他的管线混合在一起进行传输。除此之外，我国城市的天然气管道入综合管廊的建设还需要有必要的安全监护系统，这样可以检测天然气管道的传输情况，一旦发生泄漏问题，可以及时报警得到处理。

此外，进行天然气的管线建设时还必须从火源防范上考虑综合管廊的设计。在综合管廊的设计中，考虑管道的通风可以有效降低天然气泄漏之后的空气含量，因此，管道内的强制通风设计是必不可少的，按照有关规定可以设计为每小时进行6次通风。

另外，综合管廊内的管线还有电力、信息、照明和电缆设备，这些都可能是引发天然气燃烧的火源，按照有关规定这些管线都必须进行必要的防雷、防静电处理，而且它们的管道必须进行严格的密封，避免进入泄漏的天然气并在综合管廊内散发火花。

4. 排水管线入廊分析

排水管线按照规范可以进入管廊，分为雨水管线和污水管线两种。一般情况下两者均为重力流，管线按一定坡度埋设，埋深一般较大，其对管材的要求一般较低。雨水管线管径较大，基本就近排入水体，且雨水管道使用和维护频率低，因此，雨水管线一般不进入综合管廊，进入综合管廊的排水管线一般是污水管线。污水管线入廊可以防止污水或地下水渗漏，同时可以提高污水管线的运营维护水平，并且为解决雨污混接问题提供契机。

污水入廊的主要问题在于污水管道是重力管线，随管道敷设埋深加大，若与综合管廊主体一起敷设，容易造成综合管廊主体埋深加大，投资增加。但可以考虑采用污水单独设舱的做法，使主体管廊与污水管廊采用不同坡度，并适当调整污水管线规划，这样就可以解决由于污水管线入廊造成管廊埋深加大的问题。

污水入廊还需考虑污水会产生硫化氢和甲烷等有毒、易燃、易爆气体的问题，故每隔一定距离需要设置通风管以维持空气正常流通，同时配套硫化氢和甲烷气体监测与防护设备，这就要求改变污水管线管理方式。此外，入廊的污水管线需采用密封、防腐性能都较好的管材，这也将增加管廊造价。

5. 供冷管线入廊分析

供冷管线进入综合管廊在技术方面没有障碍，在工程造价方面，供冷管线的管道保温层厚度要求高，管道总体断面尺寸比较大，进入综合管廊要占用较大的有效空间，对综合管廊工程的造价影响较大。目前，国内一般采用分体空调或中央空调供冷，尚无大面积集中供冷的市政工程，但随着城市的发展，供冷管线应纳入综合管廊管线。

6. 垃圾管线入廊分析

管道垃圾收集系统指通过预先敷设好的管道系统，利用负压技术将生活垃圾抽送至中央垃圾收集站，再由压缩车运送至垃圾处置场的过程。管道垃圾收集系统是发达国家近年来发展使用的一种高效、卫生的垃圾收集方法，在国外应用广泛且技术相对成熟。但是由于管道输送垃圾系统设备大部分为进口设备，建设和运行费用非常昂贵，并且受城市地理、气候、建筑及居民的文明程度和生活习惯的影响。目前，国内进行垃圾的管道化收集尚不成熟，如果要采用生活垃圾的管道化收集方案，将该管道纳入综合管廊内，就需要增加综合管廊的结构断面尺寸，也会相应影响到工程的投资。所以，垃圾管线是否纳入管廊需要根据具体工程具体分析。

2.4.6 管廊断面选型

目前，常见的管廊断面形式为矩形和圆形，另有半圆形、拱形、马蹄形等结构形式，需结合具体的工程地质及施工工艺进行相关性选择。矩形断面的内部空间利用率比较高，且结构在断面处理时有非常高的可操作性，多用于明挖施工。圆形断面结构可以充分发挥其受压特性，有效分散上部荷载，施工相对方便，但其空间利用率不高，多用于顶管或盾构等非开挖施工场合。

根据我国相关规范的规定，城市综合管廊管线应进行分舱设计。在设计时应尽量减少舱室的数量，专舱内纳入的管线越多越好。因为每增加 1 个舱室，就需要增加 1 套监控、消防、照明、通风系统和人员通行通道，同时也增加了投资与运行管理费用。

1. 高度

管廊国标规定管廊标准断面内部净高不宜小于 2.4m。日本规定管廊标准断面净高不宜小于 2.1m，主要是考虑到穿戴安全装备的检修人员平均身高 1.8m、顶部照明灯具 0.2m、底部找平层 0.1m。

一般情况下，管廊标准断面净高建议按现行国家规范取值。若需要考虑进一步缩小净高，建议只是在人员出入较多的管廊参观段按现行国家规范取值，其余段落均可按照不小于 1.9m 考虑。

2. 检修通道宽度

管廊国标规定两侧设置支架或管道时，检修通道净宽不宜小于 1.0m；单侧设置支架或管道时，检修通道净宽不宜小于 0.9m。日本针对不同的管线种类有不同的检修通道宽度要求。敷设信息电缆管道的管廊检修通道宽度不小于 1.0m；敷设电力电缆或燃气管道的管廊检修通道宽度不小于 0.75m；敷设给水或排水管道的管廊检修通道宽度不小于 0.85m。

检修通道取值还需要考虑管道管件的大小影响。一般情况下，管廊检修通道建议按现行国家规范取值。若受经济、用地等条件制约，检修通道取值可相应减小 0.1m。

3. 缆线空间要求

电（线）缆的支架层间间距应满足电（线）缆敷设和固定的要求，且在多根电（线）缆置于同一层支架时，应有更换或增设任意电（线）缆的可能。具体的层间间距应符合现行国家标准《电力工程电缆设计规范》（GB 50217—2018）和现行行业标准《光缆进线室设计规定》（YD/T 5151—2007）的有关规定。

水平敷设时最上层支架距综合管廊顶板或梁底的净距允许最小值不宜小于 250mm，水平敷设时最下层支架距综合管廊底板的最小净距不宜小于 100mm。

4.管道空间要求

管廊国家标准对不同管径的管道安装净距有推荐值，而日本更为细化，其有不同管径的不同属性管道安装净距的推荐值。管廊国家标准和日本关于给水和排水管道的安装净距推荐值是基本一致的，而对于燃气管道的推荐值，管廊国家标准普遍比日本小 150mm。在实际设计过程中，管道安装净距可按管廊国家标准进行取值。国家标准图集《室内管道支架及吊架》（03S402）中，对于管径不大于 $DN400$ 的管道距墙距离有推荐值，该数值比管廊国标推荐值小 250mm。若需要考虑进一步缩小净宽，管道距墙的距离可以按《室内管道支架及吊架》取值。对于外包保温层的管道，管道安装净距可按内部工作管来考虑。如仍有压缩空间的需要，则对于管径不大于 $DN400$ 的外包保温层的管道，管道距墙的距离可以按《室内管道支架及吊架》取值。

2.4.7 三维控制线划定

综合管廊在规划过程中需要充分考虑地下空间的集约化利用，统筹考虑与其他地上、地下工程的管线，确定综合管廊与直埋管线、现状建（构）筑物等的平面、竖向净距要求。

1.平面布置原则

（1）综合管廊平面中心线宜与道路中心线平行，不宜从道路一侧转到另一侧。

（2）为便于综合管廊投料口、通风口等附属设施运行，综合管廊应尽量敷设在道路一侧的人行道、绿化带或中央分隔带下；若受绿化带宽度限制时，也可设置在机动车道下，吊装口和通风口等地上构筑物要引至车行道外的绿化带内，不得影响正常人行和车行。

（3）为尽量减少过路排水管线对综合管廊埋深的影响，规划综合管廊的道路宜双侧布置排水管线，并在管廊外侧，以尽量减少过路支管对干线管廊的影响。

（4）当综合管廊与城市快速路、主干路、铁路、轨道交通、公路交叉时，宜采用垂直交叉方式布置；受条件限制，可倾斜交叉布置，但其最小交叉角不宜小于60º。

（5）综合管廊与相邻地下构筑物的最小间距应根据地质条件和相邻构筑物性质确定，且应满足相关规范要求。

（6）直埋管线与管廊、管廊与管廊以垂直衔接为宜。

（7）综合管廊最小转弯半径应满足收纳管线的最小转弯半径及要求，并尽量与道路圆曲线半径一致，不应影响其他管线的敷设。

2. 竖向控制原则

（1）以路网规划确定的交叉口竖向标高为依据，考虑未入廊管线支管在廊顶穿越、绿化种植要求等因素，应控制管廊最小深度。

（2）重力流优先原则，确定交叉口排水管道的管径及埋深，作为重要控制条件。

（3）综合管廊优先原则，在保障重力流管线的前提下，为便于施工、节省投资，综合管廊的覆土不宜太深，宜优先考虑。

（4）燃气与管廊不宜相邻布置，若相邻，以燃气上跨综合管廊为宜。

（5）减少管线、管廊交叉点，并尽量分散，利用管道坡降，在不同交叉点分别控制竖向，以减小管线埋深。

2.4.8 重要节点控制

综合管廊节点的设计在一定程度上代表了整个工程的技术水平。管廊在道路交口处交叉处理得好坏直接影响投资、运行管理和综合管廊的结构稳定性以及检修人员在综合管廊内的通行，因此综合管廊交叉设计也是十分重要的。

管廊出线井是综合管廊工程中的重要节点。在道路交口、管线预留或监控中心、地下构筑物（如地下综合体）处，入廊管线需引入或引出，综合管廊内管线与外部的衔接节点需设置管廊出线井。出线井是管廊设计的重点和难点。出线井设计需同时考虑管线衔接、管线安装、养护检修以及管廊通风、消防、排水系统等一系列内部影响因素；由于还受衔接管线种类、埋深和其他地下设施等外部因素的制约，我们称之为管线立交。规范对此缺少有效指导，因此不同出线井的做法差异很大，同一节点也有多种方案可供选择。为了规范综合管廊的节点处理方式，结合中心城区综合管廊敷设特点，我们将综合管廊出线井规范为三种型式：直埋出线井、"T"型直埋出线井、"十"字交叉直埋出线井。从上位规划层面系统阐述出线井的原理和基本形式，保障后续管廊实施过程中的统一性、规范性，方便后期实施及运营管理。

此外，干线综合管廊、支线综合管廊应设置人员逃生孔，逃生孔的设置宜同投料口及通风口结合考虑，采用明挖施工的综合管廊，其人员逃生孔间距不宜大于200m。非开挖施工的人员逃生孔间距可根据综合管廊的地形条件、埋深、通风及消防等条件综合确定。人员逃生孔盖板应设有内部使用时易于开启、外部使用时非专业人员难以开启的安全装置。为尽量不占用管廊内部空间，人员逃生孔爬梯应采用可收缩爬梯或移动爬梯。

2.4.9 配套设施

1. 监控中心

监控中心宜靠近综合管廊干线，为便于维护管理人员自监控中心进出管廊，其间宜设置专用维护通道，并根据通行要求确定通道尺寸。

监控中心应满足内部设备布置、维护人员日常休息使用、工具箱摆放等要求，有需要的位置可考虑实现展示以及科普教育等功能。

2. 变电所

管廊供配电系统方案、电源供电电压、供电点、供电回路数、供电容量等应依据管廊建设规模、周边电源情况确定。管廊运行管理模式经技术经济比较后确定。

成网成片或长距离管廊宜划分为区域半径不超过 1000m 的若干供电分区，在各供电分区负荷中心位置应规划设置 10/0.4kV 或 20/0.4kV 分区变电所。

管廊分区变电所可根据当地供电部门规定，采用集中供电模式或多点就地供电模式。当采用集中供电模式时，应在管廊靠近城市边缘变电站处同步规划设置管廊 10kV 或 20kV 中压配电所。

管廊中压配电所向管廊分区变电所配电，10kV 中压配电所供电服务半径不宜超过 8km，20kV 中压配电所供电服务半径不宜超过 10km。

管廊变配电所宜结合管廊主体结构设置，当临近管廊设置时应有通道连通。地面街道用地紧张、景观要求高、易受台风侵袭等地区，管廊变配电所宜采用全地下或半地下建筑形式，并应做好防洪措施。

管廊中压配电所，当靠近管廊监控中心时宜与监控中心建筑合并设置。

3. 通风口

通风口净尺寸由通风区段长度、内部空间、风速、空气交换时间所决定。

通风口的位置根据道路横断面的不同而不同，可设置在道路的人行道市政设施带、道路两侧绿化带或道路中央绿化分隔带。

通常采用自然进风、机械排风模式，即在防火分区一端自然进风，另一端机械排风。

综合管廊电力舱和综合舱采用自然进风与机械排风相结合的通风方式，燃气舱采用机械进、排风的通风方式。每个防火分区设置一进一出或两进两出通风口，进风口主要依靠自然通风换气（燃气舱采用机械式除外），排风口设置风机进行机械排风。

4. 投料口

为了便于廊内材料进出以及管廊运行后期管道维护下料，按照防火分区合理设置投料口，其尺寸考虑方便管道以及设备的进入且不宜过大，投料口通常在顶板开孔，并设置在便于吊装及开启的绿化带或人行道下。

5. 人员出入口

综合管廊应设置人员出入口，一般情况下人员出入口不应少于 2 个，宜与逃生口、吊装口、进风口结合设置。

2.4.10　附属设施

管廊敷设设施设计主要包括通风系统、消防系统、排水系统、电气与照明系统、监控与报警系统、标识系统等。

1. 通风系统

综合管廊属于封闭的地下构筑物，内部空气流通不畅，容易产生 CO 等有害气体和微生物，若敷设燃气管线，还有可能出现可燃气体泄漏等危险情况，因此管廊设置通风系统可以保证可燃气体泄漏或有毒气体浓度过高时及时通风，保证管廊内部的余热及危险气体及时排出并为维修人员提供适量的新鲜空气，确保维修人员人身安全，从而降低事故发生率。另外，当管廊内发生火灾时，通风系统有利于控制火势的蔓延、人员的疏散和有害气体及烟雾及时排出。

2. 消防系统

综合管廊内存在的潜在火源一种是电力电缆因电火花、静电、短路、电热效应等引起火灾；另一种是可燃物质如泄漏的燃气、污水管外溢的沼气等，容易在封闭狭小的综合管廊内聚集，造成火灾隐患。由于综合管廊一般位于地下，火灾发生隐蔽，不易察觉。另外，综合管廊的环境封闭狭小、人员出入的通道少，火灾扑救难。火灾时，烟雾不易散出，这也增加了消防员进入的难度。

对于综合管廊消防系统的设计，应充分考虑实际环境特点，选取可实现长距离、大范围感温探测的温度探测设备，同时设备需对潮湿环境具有极强的适应能力。

综合管廊的消防系统设施应根据综合管廊的建设规模、收容管线等确定。综合管廊内常用的灭火设施有灭火器、水喷雾灭火系统等。

3. 排水系统

管廊内宜设置管廊清扫冲洗水系统及自动排水系统。每个排水分区至少设置一处冲洗水点。

管廊内废水主要包括管廊冲洗水、消防排水、结构渗透水、管道维护的放空水、各出入口溅入的雨水等，宜排入城市污水系统。

管廊的排水分区不宜跨越防火分区。如需跨越，应提出有效的阻火防烟措施。燃气管道舱不应与其他舱室合并，应设置排水系统，其压力释放井也应单独设置。

4. 电气与照明系统

考虑综合管廊设备的安装、检修及运营功能，管廊内应设置照明灯具，灯具沿管廊顶板吸顶或照明线槽下安装，管廊照明分为正常照明与应急照明。

根据《城市综合管廊工程技术规范》（GB 50838—2015）的要求，管廊人行道正常照明不低于15lx，出入口及设备操作处照度100lx，控制中心及监控室照度不小于300lx。

考虑管廊内使用环境及节能要求，照明灯具采用带防水护罩型LED节能灯，灯具应为防触电保护等级Ⅰ类设备，能触及的可导电部分应与固定线路中的保护（PE）线可靠连接，灯具采用防护等级不低于IP54的防水防潮灯；管廊每个防火分区两端分隔门处或人员进出口处设置控制按钮开关，总控室内设置灯光控制，方便人员巡视及控制。

安装高度低于2.2m的照明灯具采用24V及以下安全电压供电。当采用220V电压供电时，应采取防止触电的安全措施，并敷设灯具外壳专用接地线。

安装在天然气管道舱内的灯具应符合国家现行标准《爆炸危险环境电力装置设计规范》（GB 50058—2014）的有关规定。

照明葫芦导线应采用硬铜导线，截面面积不小于2.5mm²。线路明敷设时宜采用保护管或线槽穿线方式布线。天然气管道舱内的照明线路应采用低压流体输送用镀锌焊接钢管配线，并进行隔离封闭防爆处理。

根据《城市综合管廊工程技术规范》（GB 50838—2015）的要求，管廊内应急照明不低于5lx，持续供电时间大于60min；管廊内设置消防应急照明及疏散指示标志，疏散指示标志间距小于20m，距地高度小于1.0m，出入口及各防火分区防火门上设置安全出口标志灯。

应急照明灯具的选择及安装，除满足普通照明灯具要求外，还应满足消防要求，即灯具采用玻璃或不燃材料外壳。

应急照明配电线路暗敷时，保护层厚度须大于30mm；明敷时应穿有防火保护的金属管或桥架。

5. 监控与报警系统

为保证市政综合管廊的安全稳定运行，管廊内需设置先进的智能监控系统，并由监控中心对管廊内的智能监控设备进行远程监控管理。

综合管廊智能监控系统包括环境与设备监控系统（含气体、温湿度、氧气浓度、风机等）、安全防范系统（红外对射防入侵监测系统、视频监控系统、火灾报警系统）、通信系统、预警与报警系统、地理信息（GIS）系统、专业管线监测系统等。管廊内各监控系统的信号检测与联动控制汇集到监控中心，由监控中心实现对管廊内部设备的远程管理与控制。

由于综合管廊在施工和检修、维护时有人员进出，特别在燃气综合管廊内布置有易燃气体的管道，为确保人身安全和管线运行安全，综合管廊内应设置火灾报警系统。报警系统应具有高可靠性及稳定性，不仅要技术先进、组网灵活、经济合理、容易维护保养，还应具有扩展功能和较强的抗电磁干扰能力。火灾自动报警系统作为独立的系统，以通信接口形式与中央计算机建立数据通信，并在显示终端上显示火灾报警及消防联动状态。

6. 标识系统

标识系统主要包括导向标识、管理标识、专业管道标识、企业标识以及警示标识等。标识应采用不可燃、防潮、防锈类材质制作，标识字迹应清晰、醒目，即在一定烟雾浓度下也能看清，便于在事故情况下能够引导入廊人员及时缓解灾情或安全撤离现场。

综合管廊的主出入口内应设置综合管廊介绍牌，并表明综合管廊建设时间、规模、容纳管线，对综合管廊的建设情况进行简要的介绍，以利于管廊的管理。

专业管道标识颜色应按各管道规范设置，并保证使用颜色不冲突。管道标识铭牌每隔100m可设置一块，并注明管道的产权单位。

管廊设备上应设置铭牌，注明设备的名称、基本参数、使用方法、产权单位等。

综合管廊内应设置"禁烟""注意碰头""注意脚下""禁止触摸""防坠落"等警示、警告标识。

2.4.11 安全防灾

基于综合管廊本质安全，在规划阶段要对抗震、消防、防洪排涝、安全防控、人民防空等各方面提出安全防灾规划原则和要求，这些会影响到系统布局及相关设施建设。

一是抗震方面，要明确综合管廊结构抗震等级的要求，对于地震时容易发生地质灾害区域，严禁建设综合管廊。对于四川等地震多发地区，需要加强综合管廊抗震安全分析。

二是消防方面，规划阶段需建立一套火灾防控安全管理体系，包括火灾应急处置体系。

三是防洪排涝方面，要求所有露出地面的建（构）筑物满足本城市防洪排涝标准，避免设置在低洼凹陷地区，周围还需考虑相应的截水措施。

四是安全防控方面，要结合整个城市的安全防控风险评估体系和安全规划，明确设防对象、设防等级等技术标准。

五是人民防空方面，应结合当地实际，对综合管廊兼顾人民防空需求进行规划分析，即明确设防对象、设防等级等技术标准；形成城市重点区域综合防护体系，提高防灾防空能力；同时，综合管廊部分节点与周围的人防工程连接，解决人防工程孤岛问题，实现人防工程连成网络。

2.4.12 建设时序

由于地下空间开发成本较高，整合地下空间资源和统筹安排项目建设时序有利于集约化利用地下空间资源和节约工程投资。地下综合管廊的建设应结合地下空间开发、轨道交通建设以及道路改扩建、主要管线改造等基础设施的建设时序，在充分调查、研究和掌握所服务片区实际需求的前提下，科学预测发展趋势，合理安排近、远期建设规划。

近期项目要结合城市现状、管线等基础设施存在问题、建设实施条件和建设计划进行确定，建议每 5 年对近期建设计划进行一次滚动编制。规划应明确近期建设项目的年份、位置、长度、断面形式、建设标准等，达到可以指导工程实施的深度要求。在满足各区域综合管廊建设需求的同时，基于综合管廊实际运维需求，规划还应注重不同建设区域综合管廊之间、综合管廊与管网之间的关联性和系统性。合理考虑近、远期项目的衔接，近期建设项目应考虑跟现状综合管廊项目衔接，远期建设项目进一步同现状和近期建设项目衔接，如此形成逐步完善、相互衔接的综合管廊系统。

2.4.13 投资估算

针对综合管廊专项规划阶段方案及分期建设计划，对建设投资进行估算，主要包含以下内容：

（1）项目建议书、可行性研究报告编制费；

（2）工程评估费；

（3）招标代理费；

（4）交易服务费；

（5）造价咨询费；

（6）施工图审查费；

（7）工程设计费、竣工图编制费；

（8）工程监理费；

（9）项目代建费；

（10）环境评价费。

2.4.14 保障措施

1. 组织保障

加强组织领导和综合协调，加强对市政管线的行政管理，从规划审批、建设审批、验收程序上的管理，对挖掘道路施工严格控制，强制管线入廊。同时成立专门的地下管廊运行管理部门（或公司），由各管线权属单位、投资主体参与，形成地下管廊建设与运营的共同利益体，有力促进各管线入廊，推进本市地下综合管道建设进程。

建立综合管廊建设联席会议制度，定期召开综合管廊建设联席会议，统筹协调综合管廊建设运营中的重大问题，加快推进综合管廊建设相关工作。

2. 政策保障

根据各地市地区特点，制定政策、法规和标准，进一步明确和强调结合新城区建设、旧城区改造和道路建设，在重要地段逐步建设地下综合管廊，激励、补偿政策和考核办法，为地下综合管廊的有序建设提供强有力的政策配套支持。

3. 资金保障

为确保稳定推进城市地下综合管廊建设，需要政府部门进行财政资金投入。通过创新投融资模式，积极引导社会资本参与综合管廊投资建设。

4. 技术保障

结合国家已出台的《地下管线建设管理指导意见》和《城市综合管廊工程技术规

范》等相关的文件和规范，各地市应按照地下管线普查、专项规划编制、技术导则完善、施工工法总结4个技术层面，分门别类，系统研究，形成一整套完善的技术体系。

5. 运营维护保障

为保证综合管廊维护管理的规范、安全运行，需成立相对应的政务部门或公司进行监管维护。综合管廊管理公司以及各管线单位应履行职责，全面实现综合管廊、管线全方位的维护管理。

2.5 规划编制成果

2.5.1 文 本

规划编制的文本应包括以下内容：

1. 总则

2. 规划可行性分析

3. 规划目标和规模

4. 建设区域

5. 地下空间及各类管线规划统筹

6. 系统布局

7. 管线入廊分析

8. 管廊断面选型

9. 三维控制线划定

10. 重要节点控制

11. 配套设施

12. 附属设施

13. 安全防灾

14. 建设时序

15. 投资估算

16. 保障措施

2.5.2 图 纸

主要应绘制以下图纸：

1. 管廊建设区域范围图

原则上应与城市总体规划、分区规划等范围保持一致，应表达规划范围、四周边界、内部分区范围。

2. 管廊建设区域现状图

应表达与最新总体规划及相关上位规划保持一致的土地利用现状及现状管廊位置、类型等。

3. 管线综合规划图

以规划道路为基础，表达各类主干管线的敷设路由。

4. 管廊系统规划图

应表达干线、支线综合管廊及缆线管廊的位置、市政能源站点的位置、管廊监控中心的位置及规模等。

5. 管廊断面示意图

应表达管廊标准断面布置，尤其是近期建设项目标准断面设计方案。标注所在的路段名称及范围，内部管线规格、数量，预留管线布置等。

6. 三维控制线划定图

应表达规划的管廊所在道路、周边直埋管线、管廊的水平和竖向断面图，并标注所在的路段名称及范围。

7. 重要节点竖向控制及三维示意图

应表达重要的管廊与管廊、管廊与地下空间、管廊与轨道交通、管廊与河道等地下设施的穿越节点的示意控制关系。

8. 管廊分期建设规划图

应表达管廊的近、远期的建设范围、位置以及相关附属设施布置。

2.5.3　附　件

附件包括规划说明书、专题研究报告、基础资料汇编等。规划说明书应与文本的条文相对应，对文本作出详细说明；专题研究报告应结合城市特点，体现针对性，增强规划的科学性和可操作性；基础资料汇编应包括规划涉及的相关基础资料、参考资料及文件。

2.6　经典规划案例分析

2.6.1　市政基础设施"多规合一"实践下的山东省某市地下综合管廊规划

本规划针对东部沿海中等城市特点，积极践行市政基础设施"多规合一"理念，采用定性规划、定量验证的方式构建综合管廊系统，构建建设区域量化评价体系，结合独特的山海格局构筑合理、高效的综合管廊系统，合理确定综合管廊断面，为中小城市综合管廊规划编制提供可借鉴的样本。

本次规划有以下几方面亮点：

1. 市政基础设施"多规合一"

在规划编制过程中，积极践行市政基础设施"多规合一"，确保"多规"在地下空间开发、管线容量、综合管廊建设等重要空间参数一致，并在统一的空间信息平台上建立控制线体系，以实现优化空间布局、有效配置土地资源、提高政府空间管控水平和治理能力的目的。

统筹考虑综合管廊规划与道路、管线、地下空间等规划的关系，从技术经济的角度，整合一致的规划布局，调整矛盾的管线路由，使管廊规划与各专项规划协调统一。

2. 建设区域量化评价体系，定量确定系统布局

通过数据模型的方式将综合管廊规划与各规划相关指标进行定量衔接，如评估体系中筛选道路交通、管线需求、地下空间、周边用地等因素作为评估准则层，再将各准则层分级赋予指数，这一评价过程就是综合管廊规划与道路交通规划、管线需求专项规划、地下空间开发规划、周边用地发展规划进行统筹考虑、有效衔接的过程（图 2-2）。

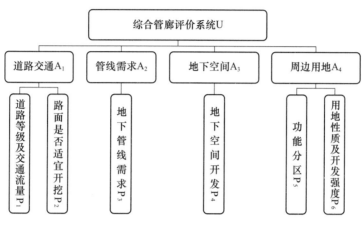

图 2-2　综合管廊评价体系

3. 总体布局

通过定性分析、定量验证形成综合管廊系统布局，提供精准的区域规划指引，将各区域管廊有机联系起来。

4. 结合数据分析结果，合理控制综合管廊规模

从防灾减灾、土地集约利用、提高市政管线安全保障等方面考虑，综合管廊的配建率越高越有利，但过高的配建率势必带来经济压力。如何用最少的投资来获得最优的综合管廊建设方案，这一问题对于山东省这样的中等城市来说是需要专门研究的。

结合东部滨海新城道路新建、中心城区道路改造规划建设干线管廊、支线管廊，结合架空线路入地规划缆线管廊。山东省某市综合管廊共规划 95.87km，管廊建设密度约为 0.16km/km²，介于国外管廊完善城市的 0.12~0.21km/km² 水平。

到 2020 年，山东省某市规划建成综合管廊 61.37km，综合管廊配建率约 1.97%，与住房城乡建设部、国家发展和改革委员会发布的《全国城市市政基础设施建设"十三五"规划》中"2020 年城市道路综合管廊综合配建率 2%"这一要求相契合。

5. 断面选型

综合管廊的断面根据容纳的管线种类、数量、施工方法来综合确定。山东省某市总体地质条件良好，周边现状构筑物相对较少，具备明挖施工条件，干线综合管廊采

用双舱、三舱断面（图2-3和图2-4），支线综合管廊采用双舱、单舱矩形断面。在受到河道、黑松林风貌保护的影响处，如松涧路过石家河及周边区域采用非开挖技术实施，采用圆形断面（图2-5）。

从经济性、实用性考虑，结合市政管线容量，仅将新建区域的干线管廊规划为三舱断面，其余以单舱、双舱断面及缆线管廊为主。

6. 三维控制线划定

明确综合管廊在城市地下空间的平面、竖向位置，同时结合控规预留配套设施用地等，统一纳入城市黄线管理范畴。

平面位置优先选择人行道与绿化带，通风及吊装口结合分隔带或者绿化带实施。竖向最小覆土深度应根据行车荷载、绿化种植及设计冻深等因素综合确定，宜控制在2.0m左右（图2-6）。

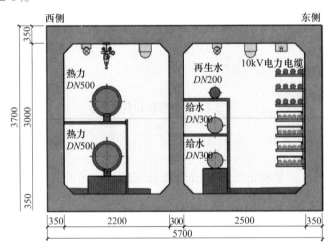

图 2-3 典型双舱管廊断面示意

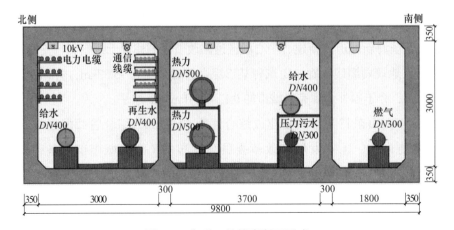

图 2-4 典型三舱管廊断面示意

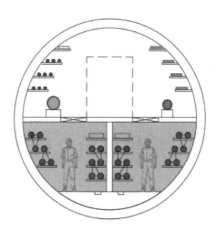

图 2-5　非开挖管廊断面示意

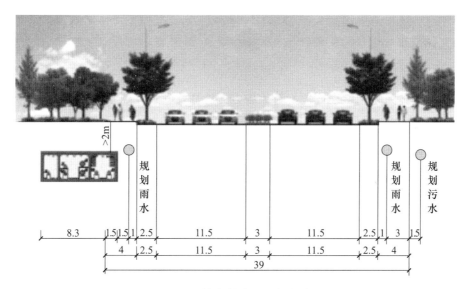

图 2-6　综合管廊三维控制线

7. 重要节点控制

对于交叉路口、过河等管线衔接点控制平面位置和竖向高程，重要节点采用 BIM 技术进行三维模拟，确保平面、竖向留有充分的安全空间。

总而言之，中小城市应该注重综合管廊的规划建设更加贴近实际需求，所谓"好钢用在刀刃上"，规划过程应该基于全面系统的基础管线数据分析、基础设施规划分析、城市发展预测等制定规模合理、可实施性强的综合管廊系统。山东省某市综合管廊规划针对中等城市特点，坚持"多规合一"理念，开展了与管线专项规划、管线综合规划、地下空间开发利用规划等相关规划的统筹融合，尤其注重对相关市政专项规划的优化与调整互动，创新性地提出了建设区域量化评价体系，用数据模型验证规划区综合管廊"横向贯通、纵向延伸、环状闭合、网状分配"布局，为同类型其他中小城市编制管廊规划的技术路线提供了可借鉴的经验。

2.6.2 创新建设适应性评价分析体系的某沿海城市综合管廊规划

某沿海城市综合管廊建设主要集中于高新区，从 2008 年开发建设，总规划里程约 75km，已建成超过 50km，超过 40km 已投入使用，建设规模是目前国内最大的。该城市创新地使用了建设适应性评价分析体系，以下是对建设适应性评价分析体系的总结分析。

1. 分析评估方法

（1）评价指标体系

评价指标体系是指由表征评价对象各方面特性及其相互联系的多个指标所构成的具有内在结构的有机整体。

（2）指标体系构建原则

为了使指标体系科学化、规范化，在构建指标体系时，应遵循以下原则：

1）系统性原则。各指标之间要有一定的逻辑关系，它们不但要从不同的侧面反映出系统的主要特征和状态，而且还要反映系统之间的内在联系。每一个子系统由一组指标构成，各指标之间相互独立，又彼此联系，共同构成一个有机统一体。指标体系的构建具有层次性，自上而下，从宏观到微观层层深入，形成一个不可分割的评价体系。

2）典型性原则。务必确保评价指标具有一定的代表性，尽可能准确反映出特定区域的综合特征，即使在减少指标数量的情况下，也要便于数据计算和提高结果的可靠性。

3）动态性原则。发展需要通过一定时间尺度的指标才能反映出来，因此，指标的选择要充分考虑到动态的变化特点，应该收集若干年度的变化数值。

4）简明科学性原则。各指标体系的设计及评价指标的选择必须以科学性为原则，客观真实地反映系统的特点和状况及各指标之间的真实关系。各评价指标应该具有代表性，不能过多过细，使指标过于繁琐，相互重叠，又不能过少过简，避免指标信息遗漏，出现错误、不真实现象，并且数据易获取且计算方法简明易懂。

5）可比、可操作、可量化原则。指标选择上特别注意在总体范围内的一致性，指标选取的计算量度和计算方法必须一致统一，各指标尽量简单明了、微观性强、便于收集，还应该具有很强的现实可操作性和可比性。而且选择指标时也要考虑能否进行定量处理，以便进行数学计算和分析。

6）综合性原则。在系统相应的评价层次上，全面考虑影响环境、经济、社会系统等诸多因素，并进行综合分析和评价。

2. 指标体系因子识别

统筹考虑，地下综合管廊的建设适宜性受到空间资源使用性质因素、用地性质、周边环境条件、项目所处地区经济指标因素、土地与空间利用政策因素、地下空间出让方式、管线建设计划、规划入廊管线种类、运行使用安全性等其他因素的影响。

按指标体系理论、结合某沿海城市和国内其他城市地下综合管廊的建设经验，根据对比相关项目，确定构成某沿海城市地下综合管廊建设适宜性分析的因素有4大类共20个分析因子（表2-1）。

表 2-1 地下综合管廊建设适宜性因子的识别

类型	序号	分析因子	备注
项目所在区域影响因子	1	地面空间利用性质	
	2	地下空间利用功能	
	3	地下空间使用权年限	并入 2
周边环境条件因子	4	地区人口密度	
	5	区域建设密度	
	6	区位因素	
	7	周边土地利用功能	并入 1
	8	地面空间地价水平	
工程建设影响因子	9	道路等级	
	10	路网密度	
	11	交通影响	并入 10
	12	相关工程建设条件	
	13	现状管线情况	
	14	规划管线种类及性质	
	15	地质条件	

续表

类型	序号	分析因子	备注
城市基础影响因子	16	城市防灾抗灾需求	
	17	地区经济水平	
	18	城市建设时序	
	19	城市规划目标	并入6
	20	城市特殊用地	并入1

3. 某沿海城市地下综合管廊建设适宜性评估体系

针对某沿海城市的实际情况和特点，为简化计算和评估的复杂性，本规划选取对地下综合管廊建设影响较大的因子，如用地性质、地下空间利用、地区人口密度、区域建筑密度、路网密度、交通拥堵情况、地铁建设情况、地下空间开发情况、商业综合体建设、规划管线种类、重要程度、管径容量、敷设空间等作为建设适宜性评估的因子，将一些类似的影响因子进行合并处理，筛选和归纳出15个主要评估因子，并参照其他项目经验，确定各评价因子的权重（表2-2）。

表2-2 某沿海城市地下综合管廊建设适宜性评估因子

类型	序号	主要评估因子	所含因子	权重（%）
项目所在区域影响因子	1	用地性质	用地性质、土地使用功能、使用条件	5
	2	地下空间利用	地下空间使用功能、使用期限、集约化利用程度	10
周边环境条件因子	3	地区人口密度	规划人口密度	5
	4	区域建筑密度	规划容积率、规划建筑面积、商住比等	5
	5	区位因素	新旧城区、区域重要程度、区域发展规划及目标	10
	6	地价水平	区域目前平均地价、预估升值空间	5
工程建设影响因子	7	道路等级	区域内城市道路等级情况	5
	8	路网密度及交通拥堵情况	区域内路网密度、交通拥堵情况	10
	9	相关工程建设条件	地铁建设情况、地下空间开发情况、商业综合体等建设	5
	10	现状管线情况	管线种类、使用寿命、管径容量、改造计划	10
	11	规划管线种类及性质	规划管线种类、重要程度、管径容量、敷设空间	10
	12	地质条件	地下综合管廊施工难易、地基处理	5
城市基础影响因子	13	防灾抗灾需求	地区防灾水平、敏感程度	5
	14	地区经济水平	区域经济水平、人均GDP	5
	15	城市建设时序	区域发展与城市建设时序关系	5
合计				100

3

综合管廊工程设计

3.1 纳入综合管廊管线分析、适用情况及优缺点

3.1.1 入廊管线种类

目前，城市工程管线主要包括电力电缆（高压、低压）、通信电缆（含电信、联通、移动、国防、有线电视等）、燃气、给水、热力、雨水、污水、再生水等，另外，还有交通监控、路灯电缆。考虑到城市的发展，城市工程管线还应有供冷、直饮水、垃圾及其他专用管线等。

3.1.2 入廊管线适宜性分析

《城市综合管廊工程技术规范》（GB 50838—2015）（以下简称《规范》）第 3.0.1 条规定："给水、雨水、污水、再生水、天然气、热力、电力、通信等城市工程管线可纳入综合管廊。"纵观国内外工程实践，各种城市工程管线均有敷设在综合管廊内的案例，但是管廊建设受内部、外部因素影响较大，管线入廊的适宜性分析主要考虑以下因素：

（1）各专业管线的特性。

（2）专业管线之间的相互影响，例如热力散热对电力电缆的不良影响、110kV 及以上电力电缆对通信电缆的干扰问题等。

（3）专业管线的安装、使用和运营维护需求。

（4）入廊管线的火灾危险性，对消防、通风、监控、报警等的要求。

（5）与城市规划、环境景观、地下空间利用的协调统一。

（6）管线入廊与直埋敷设的经济性比较。

1. 电力、通信线缆纳入综合管廊的适宜性分析

电力电缆、通信电（光）缆管线易弯曲，在综合管廊内敷设时，设置的自由度和

弹性较大，不易受空间变化的限制，国内外已建和在建的综合管廊中，基本纳入电力电缆和通信电（光）缆。

目前城市电网电压等级分为4~5级，常用的电压等级为220kV、110kV、35kV、10kV及380/220V。电力电缆纳入综合管廊的主要风险在于其可能发生火灾，《规范》规定含电缆的舱室火灾危险性为丙类，由于电力线路过载引起的电缆温升超限，可通过采用阻燃或不燃电缆来降低灾害的发生。对于干线管廊容纳电力电缆的舱室及电缆数量6根及以上的舱室均应设置自动灭火系统、火灾监控系统，以加强防范。

由于通信运营商（如电信、联通、移动等）众多，业内竞争激烈，通信管线的建设成为争夺市场的基本手段，通信管线的重复建设耗费了大量的城市地下资源，也造成了城市管理困难。建设综合管廊，预留通信线缆敷设空间，可实现共建共享，节省地下空间资源，因此通信线缆纳入管廊是必要的。

纳入管廊还需考虑电力对通信的干扰问题。目前，通信基本选用光缆作为信息传输载体介质，二者的相互干扰可以忽略，无需采取特殊的抗干扰技术，具备同廊敷设条件。如果通信线缆采用传统的同轴电缆，二者之间就存在电磁干扰问题。《规范》第4.3.7条规定：110kV及以上电力电缆，不应与通信电缆同侧布置。根据工程实例，电力电缆对通信信号的干扰问题能通过工程措施（如分室设置或采取屏蔽措施）加以解决。

电力、通信管线采用直埋敷设方式易受运行维护及扩容的影响，挖掘道路的频率较高。调查研究显示，电力、通信管线是最易受到外界破坏的城市管线，随着社会发展，这种破坏所引起的损失也越来越大。

综合以上分析，在综合管廊规划设计中应纳入电力、通信管线。

2. 给水、再生水管线纳入综合管廊的适宜性分析

给水、再生水管线属于压力管道，布置较为灵活，无需考虑管廊纵坡变化的影响，且与其他专业管线相互干扰较小，已建工程实例中基本纳入给水及再生水管线。

给水及再生水管线纳入综合管廊的主要风险在于发生爆管，此类突发事件抢修困难，对于同舱管线影响较大，但可通过提高管材、管件、阀门、接口等方面的质量，加强日常压力监测、巡检，提前预防、发现隐患，避免爆管的产生。与传统的直埋敷设方式相比，管线置于管廊内可以有效克服管道的跑、冒、滴、漏问题，避免外界因素引起的管道爆裂，也为远期管道扩容、更换提供条件。

综合以上分析，在综合管廊规划设计中应纳入给水、再生水管线。

3. 热力管线纳入综合管廊的适宜性分析

热力管线也属于压力管线，根据热媒分为热水管道和蒸汽管道。由于受所处区域

地理位置及产业结构的影响，热力管线敷设不如其他专业管线更为普遍。纳入综合管廊的案例也主要集中在北方城市。

热力管道压力一般较大，管材通常为钢管外套保温层，虽然外套保温层有隔水的作用，能够保护热力管道，但实践证明，埋在地下的热力管道还是会受到不同程度的腐蚀。由于海水的入侵，海滨城市如青岛地区的热力管道腐蚀尤其严重。热力管道由于热负荷的增加，相比其他管线扩容更换管道的频率更高，纳入管廊可避免管道维修引起的交通堵塞，同时可以有效地延长使用年限。

热力管线入廊产生的主要影响是：其输送介质可能会带来管廊内温度升高，从而造成安全影响。《规范》第 4.3.5 条、第 4.3.6 条规定，热力管道采用蒸汽介质时应在独立舱室内敷设。热力管道不应与电力电缆同舱敷设。因此，热力管道需做好保温，并与热敏感的其他管线之间保证安全间距，或分舱设置。

综合以上分析，在综合管廊规划设计中应纳入热力管线。

4.燃气管线纳入综合管廊的适宜性分析

由于燃气管线具有易燃易爆特性，是否将其纳入管廊在国际上曾有争议，欧洲国家一般没有纳入，但日本地区有纳入煤气管线的实例。目前，国内已有多例天然气入廊的工程实践。

根据《规范》相关技术要求，仅考虑天然气纳入管廊，而人工煤气、液化石油气等不考虑入廊。燃气管道应在独立舱室内敷设，管道采用无缝钢管，阀门阀件提高一个压力等级，每隔一定距离设置分段阀（分段阀设置在综合管廊外部，当分段阀设置在管廊内部时，应具有远程关闭功能），当燃气管道发生泄漏等故障时，可及时关闭阀门进行检修。设置燃气泄漏检测仪表，当发生泄漏时能进行事故报警。每隔一定的距离（200m）设置不燃性墙体进行分隔，当燃气管道发生泄漏等事故时，开启机械通风设施进行排风，以降低综合管廊内天然气浓度。通过采取上述技术措施及加强日常运行监测和维护管理，可以解决燃气管道入廊的安全问题。当然，工程投资及运行维护成本远高于传统直埋敷设方式，但将燃气管道纳入综合管廊具有如下显著优势：

（1）燃气管线不易受外界因素的干扰而被破坏，如各种管线叠加引起的爆裂、外界施工引起的管线开裂等，城市的安全性显著提升。

（2）依靠监控设备随时掌握管线运行状况，发生燃气泄漏时，可立即采取相应的救援措施，避免了燃气外泄情形的扩大，最大限度地降低了灾害的发生和损失。

（3）避免了管线维护引起的城市道路的反复开挖和相应的交通阻塞、交通延滞。

综合以上分析，燃气管线入廊会增加工程投资，对运行管理和日常维护也提出了更高的要求，但其安全性得到了极大的提高，所造成的总损失也显著降低。在综合管廊规划设计中，应视气体介质、经济状况、配套附属设施的完善程度酌情考虑纳入燃气管线。

5. 雨污水管线纳入综合管廊的适宜性分析

雨污水管线为重力流管线，管道高程很难与综合管廊竖向协调。目前，国内除重庆、厦门市有充分利用地势条件将局部雨污水管线纳入管廊外，其他城市很少有雨污水管线入廊的实例。

（1）管线特性

雨污水管线的主要特性是重力流，管道须按照一定的坡度进行敷设。通常，管道坡度与所在道路的纵坡保持一致，雨污水管道坡度一般采用0.2%~5%，地势平坦及管径较大时，管道坡度取小值；地势陡峭及管径较小时，管道坡度取大值，以保证管道流速不冲不淤。

雨污水管线截面尺寸相比其他专业管线明显偏大，其管径根据所传输的水量及敷设的管道坡度综合确定。通常情况下，雨水支管为$DN300~DN600$，干管为$DN600~DN1000$，主干管为$DN1200~$暗渠。污水支管为$DN300~DN400$，干管为$DN500~DN800$，主干管为$DN1000~DN1200$。

污水管道由于所收集的污水会产生硫化氢、甲烷等有毒、易燃、易爆的气体，所以管道接口、支管交汇、检查井处均存在管道内气体泄漏的可能。雨水管道由于存在污水乱接及初期雨水污染物含量高的现象，所以无法排除上述气体的产生。

雨污水管道中水流含有大量固体悬浮物，易沉积淤塞，必须进行定期的检查和清通养护。

（2）入廊条件分析

雨污水管线纳入综合管廊的影响因素主要有管道埋深、支管接入、道路坡向、道路横断面等。

1）管道埋深

雨污水管线纳入综合管廊，不仅要符合排水系统规划，高程能够与上下游管道良好衔接，还要满足管廊内敷设管线的空间要求，具备管线入廊的基本条件。

综合管廊的覆土深度直接影响工程造价。标准段的最小覆土深度应根据地下设施竖向规划、地面荷载、绿化种植及管廊外埋设管线最小覆土等因素综合确定。通常情况下，综合管廊最小覆土深度应考虑雨水口支管、专业管线支管等从综合管廊上方覆土中穿越的情况，控制最小覆土深度为1.5m。

2）支管接入

敷设于市政道路下的雨污水管线，主要用于收集道路沿线地块、交汇或传输相交道路雨污水管线的水量。支管的接入是影响雨污水管线纳入综合管廊的主要因素之一。

3）道路坡向

市政道路是雨污水管线敷设的主要载体，当道路纵坡坡向与管线水流方向一致，且坡度大于 0.25% 时，重力流管线对施工及水流流态方面均比较有利，这种道路条件下雨污水管线较适宜纳入综合管廊。

4）道路横断面

城市工程管线全部纳入综合管廊后，管廊舱室通常为 3~6 舱，管廊宽度达到 7~10m，为便于管线通风口及吊装口设置，绿化带及人行道的总宽不宜小于 10m。

通过上述分析，将雨污水管线入廊适宜性进行小结，见表 3-1。

表 3-1　雨污水管线入廊适宜性一览

序号	影响因素	有利条件	不利条件
1	雨污水管道管顶覆土	$H \geqslant 3.9\text{m}$	$H < 3.9\text{m}$
2	服务地块	单侧地块	双侧地块
3	道路纵坡	顺坡，$i \geqslant 0.25\%$	平坡或逆坡
4	绿化带及人行道总宽	$B \geqslant 10\text{m}$	$B < 10\text{m}$

（3）入廊的其他要求

1）疏通要求

根据《规范》第 4.3.10 条规定，污水纳入综合管廊应采用管道排水方式。考虑管廊内的安装及检修条件，管廊内检查井视管径及管材情况，应采用一体式塑料检查井或三通垂直朝上加盘堵的方式。

目前城市排水管道清通养护的方法有：水力冲洗、机械冲洗、人力疏通、竹片（玻璃钢竹片）疏通、绞车疏通、钻杆疏通。城市排水管道清通养护施工时，具体采用哪一种或综合几种方法，应根据管径大小、管道存泥状况、管道位置和设备条件而定。入廊污水管道如采用机械清洗、绞车疏通时，廊内需预留操作空间。

雨水入廊的疏通方式同雨水暗渠。

2）通风要求

为了及时快速将泄漏的气体排出，根据《规范》第 7.2.1 条规定，含有污水管道的舱室应采用机械进、排风的通风方式。同时为保证雨污水管线具有较好的水力条件，每隔一定距离需设置通气井，气体应直接排至管廊以外的大气中，其引出位置应与周边的环境相协调，避开人流密集或可能对环境造成影响的区域。

3）监控与报警要求

根据《规范》第7.5.4条规定，含有污水管道的舱室应对温度、湿度、水位、氧气、硫化氢、甲烷气体进行检测。含有雨水管道的舱室应对温度、湿度、水位、氧气进行检测，宜对硫化氢、甲烷气体进行检测，并对管廊内的环境参数进行监测与报警。

6. 其他管线纳入综合管廊的适宜性分析

其他管线主要有交通监控、路灯电缆，对于此类小管径线缆，可以考虑与管廊内照明电缆一起敷设，纳入综合管廊或预留桥架。

3.1.3 管线纳入综合管廊总结

综合以上分析，考虑目前的技术、经济及其他情况，综合管廊在规划设计中优先考虑电力、通信、给水、再生水、热力管线入廊。对于燃气管线，应视介质、用地条件、配套附属设施完善程度酌情入廊。对于雨污水重力流管线，由于受高程条件限制，是否入廊应从排水系统的整体布局考虑，并结合地形、地势等相关条件因地制宜分析，当条件具备时，方可入廊（表3-2）。

表3-2 城市工程管线入廊特性一览

管线种类	管线容量	管线坡度要求	通风要求	运营维护要求	舱室火灾危险性	监控要求	入廊适宜性
电力	10~110kV 8~24孔	—	中	高	丙	高	优先
通信	6~12孔	—	低	低	丙	低	优先
给水	$DN200$~$DN1200$	低	低	中	戊	中	优先
再生水	$DN200$~$DN1200$	低	低	中	戊	中	优先
热力	$DN200$~$DN1200$	低	中	高	丙	中	优先
天然气	$DN200$~$DN600$	—	高	高	甲	高	宜
雨水	$DN400$~暗渠	高	中	高	丁	中	具备条件时可
污水	$DN300$~$DN1200$	高	高	高	丁	中	具备条件时可

3.2 管廊敷设位置

3.2.1 综合管廊设置要求

《规范》要求，当遇到下列情况之一时，宜采用综合管廊：

1. 交通运输繁忙或地下管线较多的城市主干道以及配合轨道交通、地下道路、城市地下综合体等建设工程地段；

2. 城市核心区、中央商务区、地下空间高强度成片集中开发区、重要广场、主要道路的交叉口、道路与铁路或河流的交叉处、过江隧道等；

3. 道路宽度难以满足直埋敷设多种管线的路段；

4. 重要的公共空间；

5. 不宜开挖路面的路段。

3.2.2 国外综合管廊设置规定

1. 俄罗斯对综合管廊设置的规定

（1）在拥有大量现状或规划地下管线的干道下面；

（2）在改建地下工程设施很发达的城市干道下面；

（3）需要同时敷设给水管线、供热管线及大量电力管线的情况下；

（4）在没有余地专供埋设管线，特别是敷设在刚性基础的干道下面时；

（5）在干道与铁路的交叉处。

2. 日本对综合管廊设置的规定

（1）在交通显著拥挤的道路上，地下管线施工将对道路交通产生严重干扰时，由建设部门制定建设综合管廊的规定；

（2）综合管廊建设可结合道路改造或地下铁路建设、城市高速等大规模工程建设同时进行。

3. 国内综合管廊主要敷设位置

根据《规范》中相关章节要求，综合管廊宜分为干线综合管廊、支线综合管廊及缆线管廊。干线综合管廊宜设置在机动车道、道路绿化带下；支线综合管廊宜设置在道路绿化带、人行道或非机动车道下；缆线综合管廊宜设置在人行道下。

干线综合管廊一般设置于道路中央下方，负责向支线综合管廊提供配送服务，主要收容的管线为通信（含有线电视）、电力、燃气、给水等管线，也有将雨污水系统纳入的。其特点为结构断面尺寸大、覆土深、系统稳定且输送量大，具有高度的安全性，维修及检测要求高。

支线综合管廊为干线综合管廊和终端用户之间联系的通道，一般设于道路两旁的人行道下，主要收容的管线为通信（含有线电视）、电力、燃气、给水等直接服务的管线，结构断面以矩形居多。其特点为有效断面较小，施工费用较少，系统稳定性和安全性较高。

根据目前国内综合管廊建设情况来看，综合管廊主要沿市政道路敷设，结合综合管廊设计类型及市政道路规划、现状，敷设于道路车行道、人行道或绿化带下（图 3-1）。

图 3-1　综合管廊敷设位置示意

3.2.3　不同敷设位置的适用范围

根据国内其他城市综合管廊建设情况，综合管廊敷设位置可分为车行道、人行道及绿化带下三种情况。

在老城区改造中，现状道路两侧一般无绿化带或绿化带较窄，且与两侧建筑距离较近，这时可将综合管廊敷设于车行道下。另外，沿市政道路设置干线综合管廊时，因出线需求较少，且综合管廊结构断面尺寸大，这时也可将其敷设于车行道下。敷设在车行道下的综合管廊需设置横向通道，将附属设施设置在两侧人行道或绿化带内，横向通道的断面尺寸需满足管线投料、人员通行等要求，这也会使结构尺寸较大，相应投资也大。

受宽度限制，人行道下的综合管廊主要为支线综合管廊或缆线综合管廊，必要时可跨越人行道和绿化带敷设。为便于管线投料，综合管廊投料口可设置在人行道内，未进行投料时不得影响行人通行。同时，为便于工作人员出入，综合管廊人员出入口宜设置在人行道下。

在新建区域或道路下敷设综合管廊时，优先设置于绿化带内，或跨越绿化带和部分人行道。综合管廊建设需同步设置吊装口、逃生口、通风口等地面附属设施。其中，通风口宜设置在绿化带下，吊装口、逃生口应设置在人行道或绿化带下。因此，综合管廊地面附属设施均需避开车行道设置。

3.3 综合管廊总体设计

3.3.1 平面设计

综合管廊平面中心线宜与道路、铁路、轨道交通、公路中心线平行，不宜从道路一侧转到另一侧，尽量减少横向折转对地下管线和构筑物的影响。综合管廊穿越城市快速路、主干路、铁路、轨道交通、公路时，宜垂直穿越；受条件限制时可斜向穿越，最小交叉角不宜小于60°。

1.综合管廊最小转弯半径应满足综合管廊内各种管线的转弯半径要求

常规管线中主要满足电力、通信、给水、热力管线等要求。电力电缆最小弯曲半径按照《规范》第5.2.7条规定执行；给水管线采用球墨铸铁管道时，需使管廊转弯角度符合常规的弯头角度要求，采用钢管或者PE管道时，需满足管线水力和安装要求；

热力管道通常采用钢管，需满足焊接和水力要求；综合管廊内，通信线缆弯曲半径应大于线缆直径的 15 倍。

2. 与现状或规划建（构）筑物的平面位置相协调

如遇有桥梁墩柱处，需在平面采取避让措施。对于曲线段，可将综合管廊划分为直折段，但应考虑其弯折角必须符合各类管线平面弯折角要求，以使管线敷设、安装方便。为减小管道运行中的水头损失，建议尽量控制弯折角小于 45°，满足管道安装设计要求。

3. 转弯半径需考虑管道在管廊内运输时的转弯要求

若有管廊内行车需求时，需满足行车的转弯半径要求（图 3-2）。

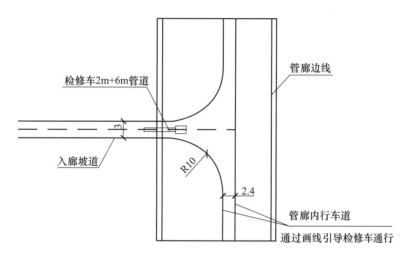

图 3-2　检修车入廊转弯半径示意

管廊折点（平面及纵断）位置不应与变形缝设置在同处，且在最不利情况下的间距不小于 1m，以保证变形缝处的止水带与混凝土的良好结合。

3.3.2　纵断面设计

综合管廊的覆土深度应根据地下设施竖向规划、行车荷载、绿化种植及设计冻深等因素综合确定，一般控制最小覆土深度为 1.5~2.0m。

综合管廊纵断面基本与道路纵断面一致，以减少土方量。同时综合管廊在纵坡变化处应满足各类管线折角的需要。在穿越路口处，本着压力流让重力流的原则，管廊采取局部下卧或上穿的措施通过重力流管线。

综合管廊的底板宜设置排水明沟，并应通过排水明沟将综合管廊内积水汇入集水坑，排水明沟的坡度不应小于 0.2%。

综合管廊内纵向坡度超过 10% 时，应在人员通道部位设置防滑地坪或台阶。需考虑电缆在支架的固定方式，同时对其结构需进行防滑处理。

综合管廊穿越河道时应选择在河床稳定河段，最小覆土深度应满足河道整治和综合管廊安全运行的要求，并应符合下列规定：在 Ⅰ～Ⅴ 级航道下面敷设时，顶部高程应在远期规划航道底高程 2.0m 以下；在 Ⅵ、Ⅶ 级航道下面敷设时，顶部高程应在远期规划航道底高程 1.0m 以下；在其他河道下面敷设时，顶部高程应在河道底设计高程 1.0m 以下。

在河底敷设时应充分考虑河道冲刷深度。

设置检修车出入口坡道的管廊，坡度可参考《汽车库建筑设计规范》（JGJ 100—2015）中的相关要求，最大坡度为：直线坡道 15%（1∶6.67），曲线坡道 12%（1∶8.33）。当坡道的纵向坡度大于 10% 时，坡道上、下端均应设相当于正常坡道 1/2 的缓坡，设缓坡是为了防止检修车的车头、管道尾部和车底擦地（图 3-3）。

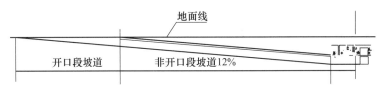

图 3-3　检修车入廊纵断面示意

3.3.3　横断面设计

综合管廊的断面形式及尺寸应根据施工方法及容纳的管线种类、数量、分支等综合确定。

1. 断面形式

矩形断面的空间利用效率高于其他断面，因此一般具备明挖施工条件时往往优先采用矩形断面，施工的标准化和模块化比较容易实现。但当施工条件制约必须采用非开挖技术（如顶管法、盾构法）施工综合管廊时，一般需要采用圆形断面。在地质条件适合采用暗挖法施工时，马蹄形断面更为适合，主要是其受力性能好，易于施工；当采用明挖预制拼装法施工时，综合考虑断面利用、构件加工、现场拼装等因素，可采用矩形、圆形、马蹄形断面。

2. 管廊断面净高

为集约化利用管廊空间，通常进行多层布设。考虑管道的安装、更换方便，一般将大管径管道置于底层，线缆置于顶层，其余管道置于中间层。

综合管廊标准断面内部净高应根据容纳管线的种类、规格、数量、安装要求等综合确定，考虑头戴安全帽的工作人员在综合管廊内作业或巡视工作所需的高度，应考虑通风、照明、监控因素。同时为长远发展预留空间，结合国内工程实践经验，综合管廊内部净高最小尺寸要求提高至 2.4m。

设计综合管廊时，应预留管道排气阀、补偿器、阀门等附件安装、运行、维护作业所需要的空间。

3. 管廊断面净宽

综合管廊标准断面内部净宽应根据容纳的管线种类、数量、运输、安装、运行、维护等要求综合确定。管廊通道净宽，应满足管道、配件及设备运输的要求，并应符合下列规定：

（1）综合管廊内两侧设置支架或管道时，检修通道净宽不宜小于 1.0m；单侧设置支架或管道时，检修通道净宽不宜小于 0.9m；

（2）配备检修车的综合管廊检修通道宽度不宜小于 2.2m。

综合管廊的净宽由管线安装空间和检修通行空间组成，净宽首先应满足管道安装和维护的要求。其中管道安装空间不具备压缩性，检修通行空间调整余地不大。

对于容纳输送性管道的综合管廊，宜在输送性管道舱设置主检修通道，用于管道的运输安装和检修维护。为便于管道运输和检修，并尽量避免综合管廊内空间污染，主检修通道宜配置电动牵引车。参考国内小型牵引车规格、型号，综合管廊内适用的电动牵引车尺寸按照车宽 1.4m 定制，两侧各预留 0.4m 安全距离，确定主检修通道最小宽度为 2.2m。

在设计过程中，检修车进入的综合管廊可考虑预留检修通道为 2.4m，考虑画线宽度以引导检修车行走。

▌ 3.3.4　节点设计

1. 孔口合建

综合管廊出露地面的孔口多，有通风口、逃生口、吊装口等。常规水电舱通风口、逃生口 200m 一个，吊装口 400m 一个，I/O 站 400m 一个。

按照 400m 两个防火分区统计，若每个孔口都单独设置，则 400m 有 7 个位置有露出地面的构筑物，地面景观处理复杂且受限。

在综合管廊设计中通常的做法为尽量将孔口组合集中设计，减少出露地面的孔口数量，例如将自然通风口、吊装口、I/O 站组合在一起。通过优化，每 2 个防火分区只需设置 5 个孔口出露地面，相对集中，便于地面景观、管廊标准段施工（图 3-4）。

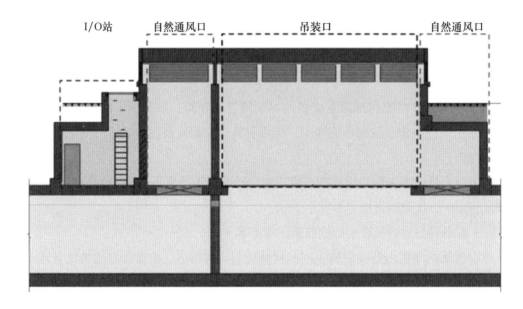

图 3-4　孔口合建剖面设计案例

2. I/O 站设置

I/O 站（配电控制室）作为综合管廊的重要附属构筑物，主要用于为综合管廊内部配电和信息采集。I/O 站的设置是否合理，在建设中直接影响工程投资，建成后影响综合管廊运行维护的可靠与安全。

根据工程积累经验，I/O 站常规设置方案有三种：

（1）每个防火分区建设一个 I/O 站，每个 I/O 站分别负责一个防火分区

优点：消防配电支线及监控通信线缆不穿越防火分区，系统安全可靠。

缺点：I/O 站数量多，且空间利用率低，造成工程投资增加。

（2）两个防火分区共用一个 I/O 站，设置于其中一个防火分区范围内

优点：减少 I/O 站数量，进而减少工程费用，提供空间利用率。

缺点：消防配电线及监控通信线缆必然会穿越防火分区，降低系统安全性，且不满足《建筑设计防火规范》（GB 50016—2014）第10.1.7条规定："消防配电干线易按防火分区划分，消防配电支线不宜穿越防火分区。"

（3）骑跨防火墙，两个防火分区共用I/O站

通过设置防火墙将地下综合管廊分隔成不同的防火分区，I/O站本体设置于管廊顶部，通过共用中板与管廊主体分离，其位置骑跨防火墙，并分别在防火墙两侧位于综合管廊不同防火分区范围内的共用中板上设置预留线缆套管，实现电力及通信线缆与管廊主体的衔接，线缆与套管之间空隙采用防火材料封堵，实现防火分隔。此法既适用于单舱断面的综合管廊，又适用于多舱室断面的综合管廊。I/O站的结构尺寸可根据不同的电气设备安装要求进行调整。

在I/O站设置通风预留管道，并安装排烟风机，以解决I/O站内部通风的问题。出露地面的通风口的具体位置可根据地面情况进行灵活调整，避免影响地上设施的正常使用及景观效果，这也为敷设于车行道下的综合管廊I/O站内通风提供了解决方案。

在共用中板上设置人孔，并通过爬梯与管廊内部衔接，用于检修人员的出入，人孔采用的井盖应满足从内部轻易打开，外部仅专业人员才能打开的要求，内部打开时间应少于10s，宜具备自动打开 / 助力打开的功能。

在I/O站顶板上设置检修孔，并通过爬梯与外界衔接，用于人员及设备的进出，检修孔采用液压井盖。

该方式设置如图3-5所示。

3. 夹层设置

根据《规范》要求，综合管廊每个舱室应设置人员出入口、逃生口、吊装口、进风口、排风口、管线分支口等各类节点，逃生口尺寸不应小于1m×1m（当为圆形时，内径不应小于1m），吊装口净尺寸应满足管线、设备、人员进出的最小允许界限要求，进、排风口的净尺寸应满足通风设备进出的最小尺寸要求以及通风排烟空气有效流通需求。

（1）管廊通风口、逃生口、设备吊装口、现场配控站组合设计

综合管廊设置吊装口与缆放线口、逃生口合建，另设置逃生通道净高不小于1.5m的夹层，舱室在夹层互通，保证电力舱逃生间距不大于200m。所有口均设置在隔离带下，以便大修时开启使用。

综合管廊标准断面为两层箱形结构，设计结构断面尺寸为13.40m×7.15m。上层为通风、电气设备夹层及投料口、出支线空间，净高2.5m，下层为管廊主舱室层，净高3.2m。

主舱室层采用4舱通行断面，由内侧至外侧依次为：电力舱（净宽2.0m）、水信舱（净宽2.7m）、热力舱（净宽2.6m）、能源舱（净宽4.0m）。入廊管线涵盖110kV和

10kV 电力电缆、给水管道、通信管道、市政集中供热管道、区域集中供冷管道，且在水信舱和能源舱分别预留中水管位和温水管位，以满足远期的需求。

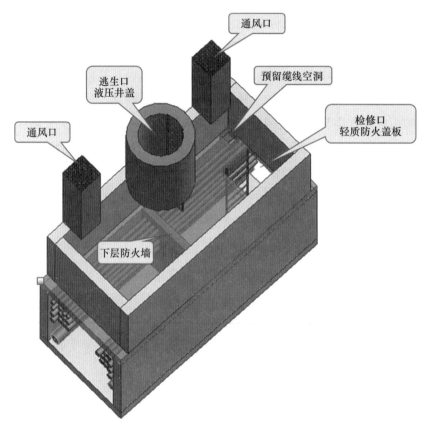

图 3-5　I/O 站设置方式

综合管廊配置完备智能的消防、供电、照明、通风、排水、标识、监控与报警等附属设施。

某商务区核心区地下综合管廊基本与地下交通环形隧道共构结构，空间布局自地面由上至下依次为地面层、浅层管线（排水）层、地下商业连通层、机动车环形车道层、综合管廊出线及设备夹层、综合管廊层。

其结构总宽 16.55m，总高 12.9m，主隧道行车道净宽 14.15m，车道净高 4m，设备夹层净高 2.2m，综合管廊净高 2.8m。其中车行主隧道全长约 1.5km，进出口通道长 1.2km，设置 4 对进出口（4 处进口、4 处出口）与地面道路相接，设置 22 处进出口与周边各地块地下车库相连；干线综合管廊全长 1565.22m，监控中心位于北区东北侧的地块地下综合服务中心内。综合管廊设有地下联络通道，与综合服务中心相连。综合管廊全线划分为 9 个防火分区，共设置 5 个进风井、4 个排风井、4 个地面吊装口、23 个出线分支口和 1 个人员出入口（由综合服务中心引出）。

设计将综合舱、电力舱内的通风口、逃生口、设备投料口、现场控制站节点结合在一起，成为组合节点。根据《规范》要求，燃气舱排风口与其他舱室口距离不应小于 10m，所以燃气舱的各类节点不能与其他舱室组合，应将燃气舱的通风口、逃生口、设备投料口、现场控制站的节点进行单独组合。由于管廊敷设于道路车行道下，故可通过车行道的宽度应满足《规范》中燃气舱排风口与其他舱室口距离不应小于 10m 的要求。上述两种组合节点可同桩号结合布置，间距控制在 200m 以内。节点组合后可将管廊出露地面的口尽量集中，改善了地面景观效果。

（2）设备夹层

目前多数管廊采用通风夹层安装风机的形式，风机在夹层内便于采用风亭形式的设计（图 3-6），可以有效地解决风机的噪声问题，同时电气配电节点可以和通风夹层合并，既能当风机房使用，又可为配电节点通风，但该种形式投资相对较大。

图 3-6　夹层及风亭横断面

（3）连通道夹层

监控中心是整个管廊系统监控和管理的中枢，其作用主要是采集处理综合管廊内各系统的运行数据并提出监控方案，下发控制指令、信息给相应的监控设备，负责整个综合管廊的运行管理及监控。监控中心和管廊之间的连接通道，既是管廊内各种监控信号线缆和电力线缆的通道，又是巡视人员和参观人员进出管廊的主要通道。

连接通道的设计一般遵循如下原则：为便于监控线缆和电力线缆布置，连接通道宜布置在管廊平面的中部位置。连接通道断面尺寸与进入监控中心的线缆数量、种类和通行楼梯有关，作为日常维护和参观的主要出入口，考虑双向通行，楼梯宽度宜大于 1.5 m。常见的连接通道有上入式和下入式两种，可根据连接处管廊覆土深度情况选择通道形式，若覆土较深宜选择上入式，覆土较浅宜选择下入式。在连廊和管廊之间应设置与管廊同等级的防火门，以保证管廊防火分区的独立和密闭。为了连接通道的接入不影响管廊内管线的敷设和人员的通行，此处的综合管廊断面应适当加宽。

1）直埋出线

综合管廊覆土约 2.5m，市政管线除雨污水等重力流管线外，其常规埋深一般小于 2.0m，直埋出线井通过对管廊内管线出线部位的局部提升，从而实现管廊内管线与市政直埋管线的顺利衔接。直埋出线通常分两种形式：一种是出线井部位、管廊顶板不变，顶板开洞，管廊上部设置直埋出线检查井，如图 3-7（a）所示；另一种是出线井部位、管廊顶板局部加高，如图 3-7（b）所示。

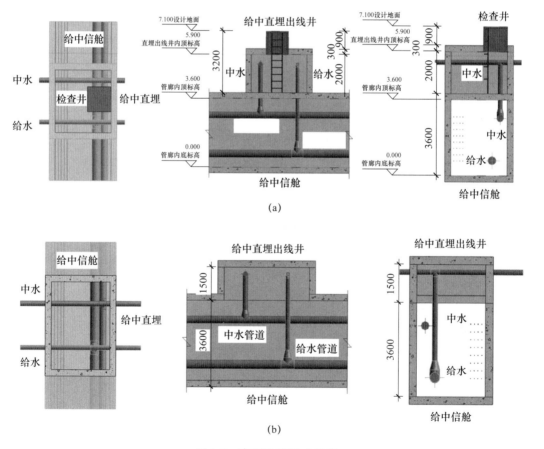

(a)

(b)

图 3-7　直埋出线形式示意

直埋出线形式简单，投资少，施工周期短，影响范围小。现状道路改造、综合管廊与支路管道衔接、综合管廊向道路两侧地块甩管时，通常选用该出线方式。

直埋出线因其结构较简单，只需要在管廊顶板按照规定高度完成墙体设计即可。同时对管道进行横向及竖向的连接。为简化设计，可在管线视图下对管线进行单独设计。管线出线标高可在剖面视图下进行修改，通过临时尺寸线的修改，可使对管线高度的修改达到百分之百准确（图 3-8~ 图 3-10）。

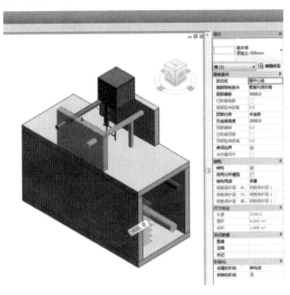

图 3-8　墙体绘制

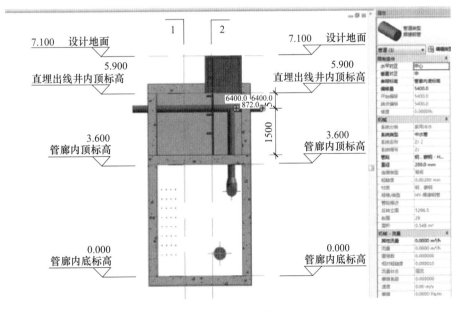

图 3-9　管道连接

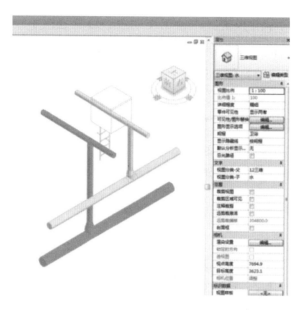

图 3-10 管道标高调整

直埋出线两种形式特点对比见表 3-3。

表 3-3 直埋出线两种形式特点对比

	类型特点一	类型特点二	适用范围
形式一（管廊顶板局部加高）	管廊覆土深度小于 2.6m 时均适用；管廊上部顶板为整体结构，与地面不直接接触，渗水隐患较少	检修不便，出线井部位为管道接口密集区，泄漏事故多发，如需检修，需从管廊人员逃生口等部位进入管廊，从而到达检修区域，且管道吊装于管廊上部，安装及检修不便	适用范围较广，管廊覆土深度较浅时，可采取顶板加高方式，提升直埋出线高度，为管廊外直埋敷设管道顺接提供高程便利
形式二（管廊顶板设置检查井）	施工简单，管廊顶板仅开洞预留套管，管廊整体结构稳定，检修可直接由地面检查井进入，安装及检修方便	对管廊覆土深度有严格要求，检查井设置于地面，雨季雨水容易从井盖渗流至管廊内，造成积水隐患	适用范围较窄，上部检修空间 1.8~2.0m，管廊顶板 0.3m，考虑地面 0.5m 种植土，因此管廊覆土深度须大于（1.8~2.0）+0.3+0.5=（2.6~2.8）m 时，适用本形式

2）"十"字出线

"十"字出线适用于综合管廊与相交管廊管线衔接，管廊作为管线集约载体，每条管廊自成独立系统，如图 3-11 所示。十字井作为一种衔接形式，在管廊十字交叉区，通过对管廊局部展宽、加高等方式，满足管廊内部管线交叉布置、竖向衔接、人员通行的要求。在出线井内部中隔板处根据管线交叉布置，于上下两层间的中隔板设置预留洞及爬梯，实现管廊内管线互通、人员互通。

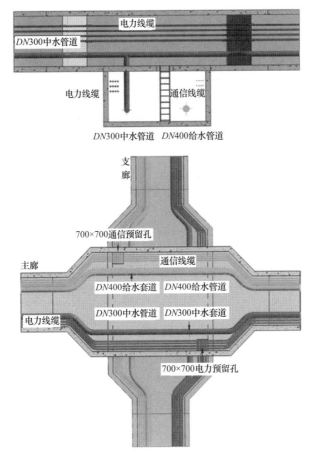

图 3-11　"十"字出线形式大样

3）"T"形出线

"T"形出线适用于综合管廊与地块管线衔接，各专业管线主要通过出线井支沟端墙与地块管线进行衔接（图 3-12）。因 T 形出线井部位支沟位于主沟下部，支沟覆土深度已超 5m，管道出线处甚至达 6m 左右，地块管线在与综合管廊管道衔接时，通过在管廊端墙部位设置出线竖井，通过竖井来提高管道出线高度，使管道出线时覆土深度降低约 2m，从而减少了外部管道衔接时的开挖深度和对周边的影响，同时降低防水难度。

通过查看管廊纵断及管廊内管线特性，据实调整竖井宽度及竖井内管线出线高度（图 3-13）。

4）端墙出线

端墙出线适用于主廊及支廊末端（图 3-14），通过端墙预留孔洞的布置，将所有管线按照管线综合规范对各专业管线水平间距要求，"一"字排列于端墙顶部，避免管道竖向重叠，完成管廊出线。

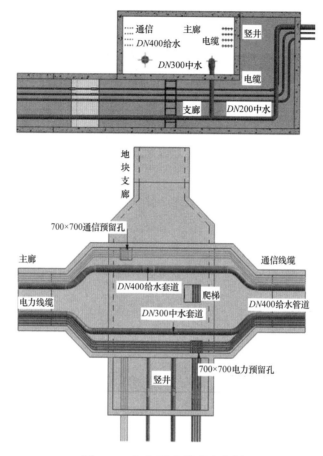

图 3-12　"T"形出线形式大样

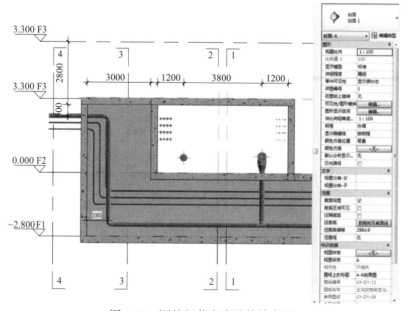

图 3-13　调整竖井宽度及管线高度

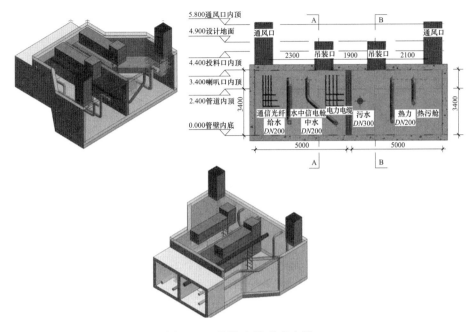

图 3-14 端墙出线形式大样

5）节点结合

为集约利用综合管廊功能，工程中会遇到将人员出入口与端墙合并设置（图 3-15）的情况，在此复杂节点仍将布置通风井等附属设施，采用 BIM 对各节点进行设计，同时对内部管线、楼梯等进行可视化优化布置，解决二维条件下所不能克服的难题。

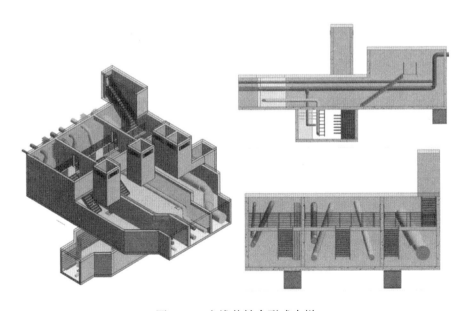

图 3-15 出线井结合形式大样

6）污水出线

污水入廊之后，污水出线主要解决：管线的衔接、污水管线重力流不受影响等问题，解决方式有斜板法与降板法两种（图3-16和图3-17）。

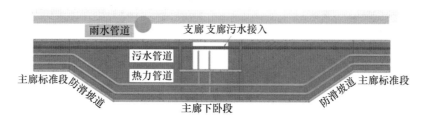

图 3-16　斜板法主廊剖面

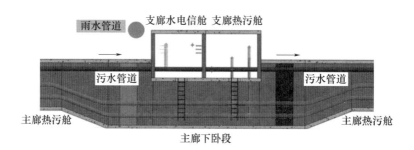

图 3-17　降板法主廊剖面

与降板法仅对舱室底板下卧不同，斜板法除对污水舱外，其他舱室整体下卧，以让出竖向空间，以便支廊污水与主廊污水完成交汇（图3-18）。

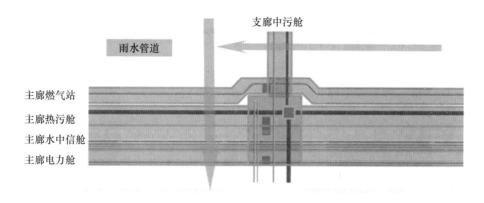

图 3-18　斜板法出线平面示意

主廊下卧段与标准段通过设置防滑坡道完成衔接。十字井区域，除污水管线外，其余管线通过管廊展宽完成水平排布，并通过竖向通道完成上下层衔接，实现互通（图 3-19）。

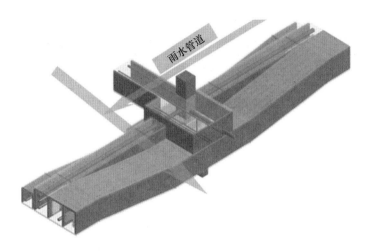

图 3-19　斜板法出线三维展示

①斜板法

通过对管廊顶板进行高差设置，实现管廊按照既定坡降、既定高差完成下卧（图 3-20）。

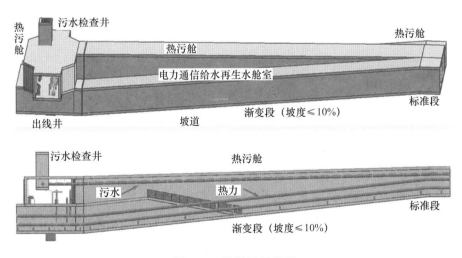

图 3-20　防滑坡道设置

利用 Revit 对各种管道的材质进行设定，使其在设计中显示为不同颜色。根据需要设置为管线综合规定颜色，可极大提高设计舒适感，减轻设计疲劳。

斜板法主廊和支廊剖面示意分别如图 3-21 和图 3-22 所示。

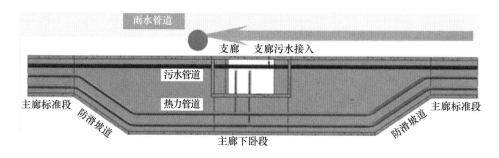

图 3-21　斜板法主廊剖面示意

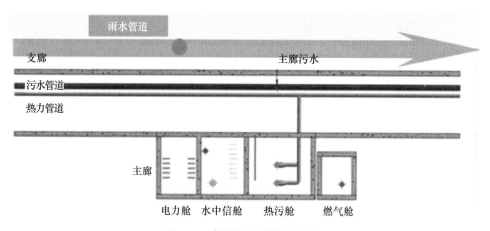

图 3-22　斜板法支廊剖面示意

②降板法

首先保证主线污水舱顶板不动，交叉区域主廊降板（降底板）、支廊升板（升顶板），从而实现交叉区域主廊、支廊共板，污水在此区域完成换仓，实现污水管线的衔接，如图 3-23 和图 3-24 所示。

在非交叉区域，主廊支廊通过调整坡度，恢复到标准覆土深度下。

以污水距离顶板距离不变为控制点，在主廊与支廊交汇处，即污水管道交汇处，除污水外，其余管线随底板下卧，以保证下卧段主廊净高仍与标准段相同。

交叉区域，主廊内污水进入支廊空间与支廊污水完成交汇，污水由原吊装于主廊上部转为坐落于支廊底部。完成交汇，主廊恢复标准段（图 3-25 和图 3-26）。

利用 Revit 提供的丰富族库，对管廊内爬梯、逃生口等组件迅速完成准确定位及布置，并可视化校核其是否与其他管道及阀件"打架"。

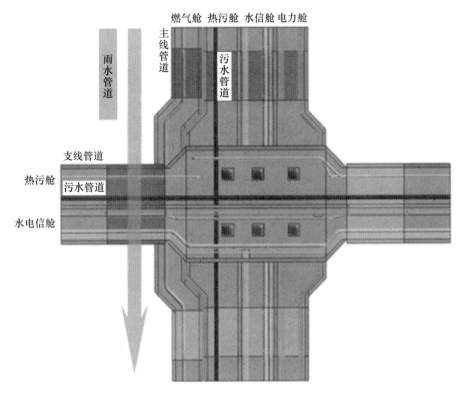

图 3-23　降板法出线平面示意

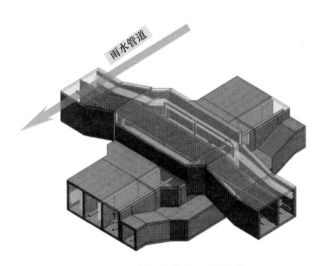

图 3-24　降板法出线三维展示

交叉区域，以主廊顶板为控制点，支廊顶板上抬，以保证支廊净高与标准段相同。交叉区域，支廊内污水由原吊装于支廊上部转为坐落于支廊底部，与主廊污水完成交汇（图 3-27 和图 3-28）。

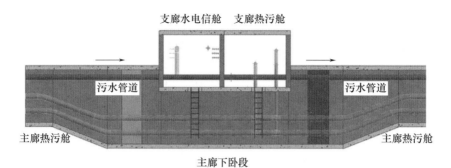

图 3-25　降板法出线主廊热污舱剖面

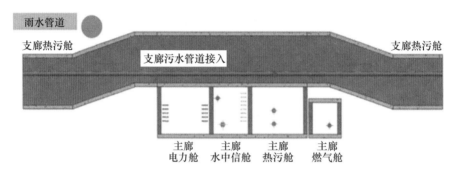

图 3-26　降板法出线支廊热污舱剖面

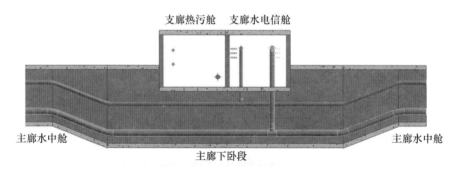

图 3-27　降板法出线主廊水中舱剖面

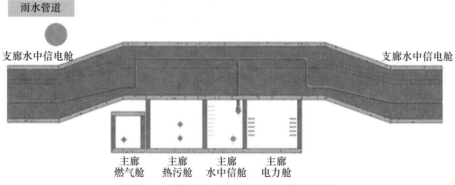

图 3-28　降板法出线支廊水中信舱剖面

利用 Revit 对各种管道系统的自动识别、连接，同时通过其丰富的管道连接形成族库，迅速完成管线平面、竖向连接。

③竖向定位

污水入廊后，复杂节点的竖向如何与管廊纵断结合起来，来指导施工单位施工，采取建立 xy 坐标系的方式来解决。

以主廊底板为 x 轴，以支廊定位线为 y 轴，x 轴坡度为管廊设计坡度，将工艺施工图上的控制点标高反映至节点上（图 3-29）。

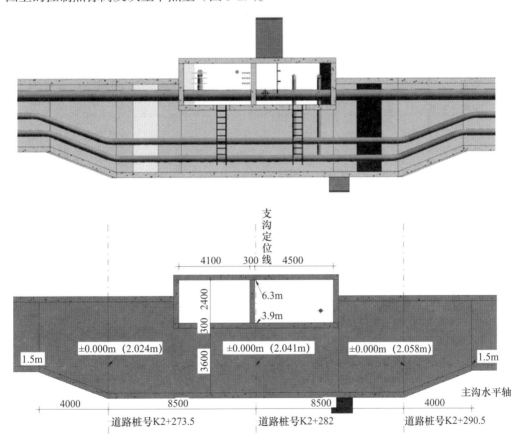

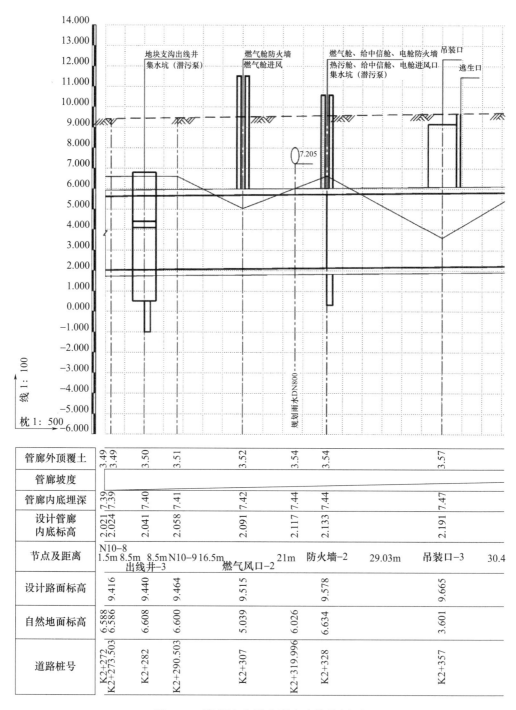

图 3-29 降板法出线支廊水中信舱剖面

管廊外顶覆土	3.49 3.49	3.50	3.51	3.52	3.54	3.54	3.57
管廊坡度							
管廊内底埋深	7.39 7.39	7.40	7.41	7.42	7.44	7.44	7.47
设计管廊内底标高	2.021 2.024	2.041	2.058	2.091	2.117	2.133	2.191
节点及距离	N10-8 1.5m 8.5m 出线井-3	8.5m N10-9	16.5m 燃气风口-2	21m	防火墙-2	29.03m	吊装口-3 30.4
设计路面标高	9.416	9.440	9.464	9.515	9.578		9.665
自然地面标高	6.588 6.586	6.608	6.600	5.039	6.026	6.634	3.601
道路桩号	K2+272 K2+273.503	K2+282	K2+290.503	K2+307	K2+319.996	K2+328	K2+357

④折点处理

综合管廊在路由折线处理上提出三种解决折点处理方案（图 3-30），各方案比较见表 3-4。

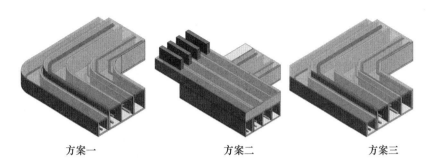

| 方案一 | 方案二 | 方案三 |

图 3-30 折点处理方法示意

表 3-4 方案比较

类 别	说 明	优 点	缺 点
方案一（弧形转角）	在折点处对管廊内墙以管道运输最小转弯半径做弧线处理，以满足管线运输要求	电力通信线缆及压力管道运输方便	（1）管道安装弯头较多；（2）污水管道折点较多，增加渗漏隐患
方案二（垂直转角）	折角处管廊下卧，管廊上部增设投料廊道	可满足管道运输要求	（1）节点处理复杂；（2）管廊埋深较大，污水入廊后受制因素较多；（3）局部影响交通
方案三（折线沟）	在方案一和方案二优缺点基础上在折点处对管廊内墙以管道运输最小转弯半径做折线处理，以满足管线运输要求	（1）可解决管道运输要求；（2）管道弯头较少便于安装；（3）污水管道折点较少，减少渗漏隐患	

（4）管廊与河道、铁路、地下通道等交叉节点

综合管廊采用在节点处下卧的措施进行避让。根据节点的重要性和具体要求，可选择开挖施工或非开挖施工。

4. 与其他地下设施合建工程

（1）综合管廊结合地下环形车道综合开发

北京 CBD 核心区地下空间（图 3-31）在建设之初充分汲取"中关村（西区）管廊"的成功经验，形成了适合当地的集约化、前瞻性的综合管廊及地下空间利用的实施方案，较好地解决了人车分流、地面交通压力大及市政管线种类多、数量大、埋设困难等问题。

（2）综合管廊结合人防工程共同建设

2014 年，总投资额约 2.6 亿元的综合管廊一期工程开工，全长 52km，依据《中华人民共和国防空法》中"城市的地下交通干线以及其他地下工程的建设，应当兼顾人民防空需要"的规定，以及某省关于地下工程兼顾人民防空要求的意见，实现了兼顾人民防空要求，全面提升了综合管廊在平时和战时的综合防灾能力。

地下1层为行人联系层，联系了地铁和各个楼宇的出入口为配合人行服务设下沉庭院，商业中心等设施

地下2层为机动车输配环和地下车库，部分为配套商业，地下输配环有效净化地面机动车交通，联系了核心区所有建筑的地下车库

地下3层为人防兼车库，市政管廊（包含热力、电力、给水、电信等管线和主机房）

地面层为核心区中央广场与城市道路，承载机动车交通和观光休闲功能

地下1层夹层为市政综合管廊，包含雨污水、天然气、消防水、蒸汽等管线及各楼宇线接口

地下4层和5层为人防兼车库和主机房，将充分考虑核心区综合防灾功能，弥补出让地块车位的不足

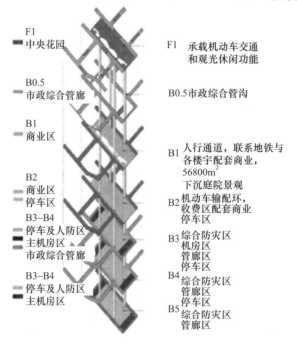

F1 中央花园
B0.5 市政综合管廊
B1 商业区
B2 商业区 停车区
B3-B4 停车及人防区 主机房区 市政综合管廊
B3-B4 停车及人防区 主机房区

F1 承载机动车交通和观光休闲功能
B0.5 市政综合管沟
B1 人行通道，联系地铁与各楼宇配套商业，56800m² 下沉庭院景观
B2 机动车输配环，收费区配套商业 停车区
B3 综合防灾区 机房区 管廊区 停车区
B4 综合防灾区 管廊区 停车区
B5 综合防灾区 管廊区

图 3-31 北京 CBD 核心区地下空间

新区综合管廊工程在仅增加造价 0.63% 的情况下，实现了兼顾人防需要，为新区增加了一条面积达 3.6 万 m^2 的地下通道，与沿线临近地下空间和人防工程互联，全面提高了综合防灾抗损能力，完善了地下的防灾系统网络（图 3-32）。

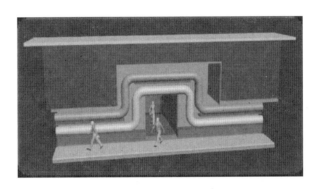

图 3-32　金华市金义都市新区综合管廊工程

（3）综合管廊结合轨道交通及地下空间等进行综合开发

武汉光谷综合管廊位于中心城核心道路神墩一路、光谷五路的道路红线以内，规划有中国最大的"地下空间"，总建筑面积约为 52 万 m^2。是集地下商业、公共走廊、设备用房、地下社会停车库、地下物流中心、地铁等为一体的地下交通走廊（图 3-33）。

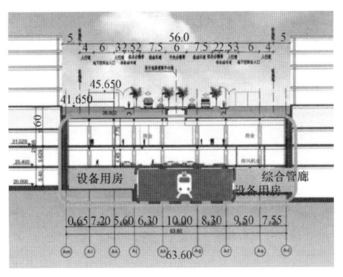

图 3-33　武汉光谷综合管廊与地下空间合建实现集约发展

该项目充分利用地下空间建设综合管廊，结合地铁的建设，节约了投资，实现了地下空间集约发展，成功开发了空间互联成网的一体化空间模式。

（4）综合管廊结合海绵城市、防洪、排涝共同建设

综合管廊结合海绵城市及防洪排涝的方案在国内已有大范围的探讨和研究，从技术和经济可行性来说，具有不错的应用前景，包括雨水调蓄等，但暂时没有太多实施落地的案例。

其中，厦门市于 2016 年 8 月发布的《厦门市综合管廊工程技术规范（试行）》中，首次把综合管廊的规划建设与海绵城市（图 3-34）、城市防洪排涝的规划建设相结合，提出"综合管廊设计时，宜考虑海绵城市的雨水入渗通道""综合管廊结构可与初期雨水收集池、雨水调蓄池等海绵城市设施结合设置""在城市径流雨水行泄通道、低洼点、下沉式立交桥区域等易涝地段，综合管廊设计宜与排水防涝设施相结合"等要求。这些规范尝试通过利用地下空间，削减洪峰的影响，有效避免城市陷入频频"看海"的窘境。建造雨水入渗通道、雨水调蓄池，能更大程度上利用天然降水，收集雨季多余降水，补充旱季用水，有效提高雨水的利用率，缓解干旱情况。

图 3-34　综合管廊和海绵城市结合建设案例

5. 检修车入廊

西 1 号线综合管廊作为青岛市首例全管线入廊的大断面管廊工程，考虑廊内管材检修及运输问题，管径大于 $DN500$，管道重量在 900kg/ 根（约 6m）左右，人工安装较为困难，因此在管径大于 $DN500$ 的舱室内配备机械检修车，用以运输大管径管材。采用宽度小于 2m 的定制机械检修车，是为了避免与两侧管道支墩碰撞，检修通道宽度设置为 2.5m，通过画线引导检修车行进。

为确保综合管廊实时监控与数据全览，该工程结合入廊小车出入口设计，于设计段道路西侧绿化带内合建检修车出入口与检测中心。

道路东侧为医院用地，交通复杂、人流密集，不宜作为管廊出入口；道路西侧存在 13m 宽绿化带，平面布局灵活，空间较充裕，可结合绿化带设计，形成优质的景观效果；火炬路作为现状主干路，具有良好的通行条件。综合上述因素，在火炬路、规划西 1 号线路口西南侧绿化带内合建检修车与监控中心，设置专用连接通道，使监控中心与管廊之间连通，满足区域监控、参观接待、科教、区域维护管理等需求，也便于检修车及参观车辆的停放及日常管理。在南北端设计起点和终点处分别设置检修车出入口，巡检小车可由北侧火炬路或南侧经二路路口处绿化带内进出，用于快速检修廊内管道，加强巡检效率（图 3-35）。

(a) 北侧火炬路出入口   (b) 南侧经二路出入口

图 3-35　综合管廊检修车南端出入口示意

3.4　附属设施

3.4.1　消防

引发管廊电缆火灾的原因一般可以分成自身原因和外部原因两种，其中自身原因引发的火灾较为常见。

1. 自身原因

电缆发生过负荷和短路故障时，未能及时切断故障电路，导致电缆过热而着火；电缆接头处由于接触不良导致电阻变大，造成接头处过热从而引燃绝缘层；由于电缆受潮，使局部绝缘性能降低，从而造成电缆接地和电缆短路事故；电缆超过使用期限后，会发生绝缘层老化，线路载流能力下降，热量聚积会导致电缆自燃等。

2. 外部原因

电气设备起火导致电缆被引燃；施工产生的高温熔渣引燃电缆；油开关连接处封堵不严发生泄漏，导致管廊内存油引发火灾；附近高温管线过热且未采取防火分隔措施引燃电缆；与其他建筑或舱室连接处未严格封堵，造成外部火源侵入等。

综合管廊按不超过 200m 设置一个防火分区，防火分区之间采用耐火极限不低于 3.0h 的不燃性墙体进行防火分隔。墙上设有甲级防火安全门。在每个防火分区布置至少 1 处逃生口，设爬梯供人员进出。在综合管廊主线每个防火分区中部采用投料口与逃生口合建方式设置逃生口，此外在综合管廊端墙、喇叭口附近均设置逃生口，逃生口间距不大于 200m。

根据《规范》要求，干线综合管廊中容纳电力电缆的舱室、支线综合管廊中容纳 6 根及以上电力电缆的舱室应设置自动灭火系统；其他容纳电力电缆的舱室宜设置自动灭火系统。

综合管廊内应在沿线、人员出入口、逃生口等处设置灭火器材，灭火器材的设置间距不应大于 50m，灭火器的配置应符合现行国家标准《建筑灭火器配置设计规范》（GB 50140—2005）的有关规定。

综合管廊内的火灾自动报警系统的供电线路、消防联动控制线路均采用耐火铜芯电线电缆，报警总线和消防专用电话等传输线路均采用阻燃或阻燃耐火电线电缆。普通动力配电选用阻燃电力电缆；照明支线选用阻燃铜芯导线。所有支线均穿 SC 钢管沿墙及楼板暗敷。消防用电设备用电力电缆或电力电线暗敷时，应穿管并敷设在墙内或混凝土内，保护层厚度不应小于 30mm，明敷时应沿防火电缆桥架或穿金属管。

3.4.2 通风系统

为保证综合管廊内部的空气品质，综合管廊内需设置通风系统。综合管廊为密闭的地下构筑物，当综合管廊内发生火灾时需关闭通风设施。火灾扑灭后，由于残余的有毒烟气难以排除，对人员灾后进入清理不利，为此综合管廊内应设置事故后机械排烟系统。

1.综合管廊通风系统的必要性

综合管廊中敷设的电力电缆和热力管道在使用过程中会散发出大量的热量，污水管道在使用过程中可能会散发有毒气体或异味，天然气管道在使用过程中可能会出现可燃气体泄漏，这些都需要综合管廊内设置通风系统，保证在可燃气体泄漏或有毒气体浓度过高时及时排出，为检修人员提供舒适的工作环境。

当综合管廊内发生火灾后，通风系统能够有效排除管廊内的有毒烟气，为后续人员进行内部清理创造了条件。

综合管廊为密闭的地下构筑物，湿度较大，为了保证综合管廊内各类管线处在良好的环境中，防止管道的锈蚀以及壁面的结露，需要通风系统改善综合管廊内的空气湿度。

2.综合管廊通风系统的分类

综合管廊通风系统主要有两种方式：自然通风和机械通风。两种通风方式的优缺点见表3-5。

表 3-5　两种通风方式优缺点对比

通风方式	优　　点	缺　　点
自然通风	节省通风设备的初投资及运行费用	送、排风井需要有高差，对地面的地形要求较高；通风分区不宜过长，地面风井较多，土建成本较高，景观效果较差
机械通风	增加了通风分区的长度，可以减少送、排风井的数量	通风设备的初投资和运行费用增加

从表3-3可知，选择自然通风与机械通风相结合的通风方式，既能满足城市景观和噪声的要求，又不至于初投资过高，而且通风效果良好。根据《规范》的要求，天然气管道舱和含有污水管道的舱室应采用机械送、排风的通风方式。

3.综合管廊通风系统的要求

（1）通风分区

通风分区最大间距不宜超过200m且不宜跨越防火分区。通常情况下，一个防火分区作为一个通风分区，每一分区一端设置自然送风口，另一端设置机械排风口。

（2）通风量

通风量应满足排除综合管廊内的余热、余湿、有害气体的要求。综合管廊的通风量应根据通风区间、截面尺寸并经计算确定，且应符合下列规定：

1）正常通风换气次数不应小于2次/小时，事故通风换气次数不应小于6次/小时；

2）天然气管道舱正常通风换气次数不应小于6次/小时，事故通风换气次数不应小于 12 次 / 小时。

3）舱室内天然气浓度大于其爆炸下限浓度值（体积分数）20% 时，应启动事故段分区及其相邻分区的事故通风设备。

4）电力舱内的排风温度不应高于 40℃，进、排风温差不宜大于 10℃。

（3）风口风速

综合管廊的通风口处风速不宜大于 5m/s，直接朝向人行道的排风口出风风速不宜超过 3m/s，进风口宜设置在空气清洁的区域。

（4）通风口

综合管廊的通风口应设置防止小动物进入的金属网格，网孔净尺寸不应大于 10mm×10mm。地面风井一般布置在绿化带内，具体形式应与周围景观协调统一。

（5）特殊舱室的要求

1）天然气管道舱室每个防火分区采用独立的通风系统，在每个防火分区的两端各设置一个通风井，每个通风井中各设置一台送风风机和排风风机，风机应采用防爆风机。天然气管道舱室的排风口与其他舱室排风口、送风口、人员出入口以及周边建（构）筑物口距离不应小于 10m。

2）污水舱室每个防火分区采用独立的通风系统，在每个防火分区的两端各设置一个通风井，每个通风井中各设置一台送风风机和排风风机。

（6）通风设备的要求

1）综合管廊的通风设备应符合节能环保的要求。通风口处的噪声应符合《声环境质量标准》（GB 3096—2021）的相关规定。

2）综合管廊内发生火灾时，发生火灾的防火分区及相邻分区的通风设备应能够自动关闭。

3）天然气管道舱风机应采用防爆风机。

4）综合舱、电力舱、污水舱排风风机应选用双速高温消防风机，燃气舱排风风机应选用防爆型双速高温消防风机。为保证管廊内灭火后的排风要求，排风风机应满足 280℃时连续工作 30min 的要求。

3.4.3 电 气

1. 供电系统

（1）综合管廊供配电系统接线方案、电源供电电压、供电点、供电回路数、容量等应依据综合管廊建设规模、周边电源情况、综合管廊运行管理模式，并经技术经济比较后确定。

（2）综合管廊的消防设备、监控与报警设备、应急照明设备应按现行国家标准《供配电系统设计规范》（GB 50052—2009）规定的二级负荷供电。天然气管道舱的监控与报警设备、管道紧急切断阀、事故风机应按二级负荷供电，且宜采用两回线路供电；当采用两回线路供电有困难时，应另设置备用电源。其余用电设备可按三级负荷供电。

（3）综合管廊附属设备配电系统应符合下列规定：

1）综合管廊内的低压配电应采用交流 220V/380V 系统，系统接地型应为 TN-S 制，并宜使三相负荷平衡；

2）综合管廊应以防火分区作为配电单元，各配电单元电源进线截面应满足该配电单元内设备同时投入使用时的用电需要；

3）设备受电端的电压偏差：动力设备不宜超过供电标称电压的 ±5%，照明设备不宜超过 +5%、−10%；

4）应采取无功功率补偿措施；

5）应在各供电单元总进线处设置电能计量测量装置。

（4）综合管廊内电气设备应符合下列规定：

1）电气设备防护等级应适应地下环境的使用要求，应采取防水防潮措施，防护等级不应低于 IP54；

2）电气设备应安装在便于维护和操作的地方，不应安装在低洼、可能受积水浸入的地方；

3）电源总配电箱宜安装在管廊进出口处；

4）天然气管道舱内的电气设备应符合现行国家标准《爆炸危险环境电力装置设计规范》（GB 50058—2014）有关爆炸性气体环境 2 区的防爆规定。

（5）综合管廊内应设置交流 220V/380V 带剩余电流动作保护装置的检修插座，插座沿线间距不宜大于 60m。检修插座容量不宜小于 15kW，安装高度不宜小于 0.5m。天然气管道舱内的检修插座应满足防爆要求，且应在检修环境安全的状态下送电。

（6）非消防设备的供电电缆、控制电缆应采用阻燃电缆，火灾时需继续工作的消防设备应采用耐火电缆或不燃电缆。天然气管道舱内的电气线路不应有中间接头，线路敷设应符合现行国家标准《爆炸危险环境电力装置设计规范》（GB 50058—2014）的有关规定。

（7）综合管廊每个分区的人员进出口处宜设置该分区通风、照明的控制开关。

（8）综合管廊接地应符合下列规定：

1）综合管廊内的接地系统应形成环形接地网，接地电阻不应大于 1Ω；

2）综合管廊的接地网宜采用热镀锌扁钢，且截面面积不应小于 40mm×5mm。接地网应采用焊接搭接，不得采用螺栓搭接；

3）综合管廊内的金属构件、电缆金属套、金属管道以及电气设备金属外壳均应与接地网连通；

4）含天然气管道舱室的接地系统应符合现行国家标准《爆炸危险环境电力装置设计规范》（GB 50058—2014）的有关规定。

（9）综合管廊地上建（构）筑物部分的防雷应符合现行国家标准《建筑物防雷设计规范》（GB 50057—2010）的有关规定；地下部分可不设置直击雷防护措施，但应在配电系统中设置防雷电感应过电压的保护装置，并在综合管廊内设置等电位连接系统。

2. 照明系统

（1）综合管廊内应设正常照明和应急照明，并应符合下列规定：

1）综合管廊内人行道上的一般照明的平均照度不应小于 15lx，最低照度不应小于 5lx，出入口和设备操作处的局部照度可为 100lx，监控室一般照明照度不宜小于 300lx；

2）管廊内疏散应急照明照度不应低于 5lx，应急电源持续供电时间不应小于 60min；

3）监控室备用应急照明照度应达到正常照明照度的要求；

4）出入口和各防火分区防火门上方应设置安全出口标志灯，灯光疏散指示标志应设置在距地坪高度 1.0m 以下，间距不应大于 20m。

（2）综合管廊照明灯具应符合下列规定：

1）灯具应为防触电保护等级 I 类设备，能触及的可导电部分应与固定线路中的保护（PE）线可靠连接；

2）灯具应采取防水防潮措施，防护等级不宜低于 IP54，并应具有防外力冲撞的防护措施；

3）灯具应采用节能型光源，并能快速启动点亮；

4）安装高度低于 2.2m 的照明灯具应采用 24V 及以下安全电压供电。当采用 220V 电压供电时，应采取防止触电的安全措施，并敷设灯具外壳专用接地线；

5）安装在天然气管道舱内的灯具应符合现行国家标准《爆炸危险环境电力装置设计规范》（GB 50058—2014）的有关规定。

（3）照明回路导线应采用硬铜导线，截面面积不应小于 2.5mm²。线路明敷设时宜采用保护管或线槽穿线方式布线。天然气管线舱内的照明线路应采用低压流体输送用镀锌焊接钢管配线，并进行隔离密封防爆处理。

3.4.4 监控与报警

1. 监控报警系统的基本要求

干线综合管廊、支线综合管廊应建立综合管廊监控与报警系统。监控与报警系统应设置环境与设备监控系统、安全防范系统、通信系统、预警与报警系统和统一管理平台。预警与报警系统应根据入廊管线的种类设置火灾自动报警系统、可燃气体探测报警系统。

监控与报警系统的架构、系统配置应根据综合管廊的建设规模、入廊管线的种类、综合管廊运行维护管理模式等确定，还应根据综合管廊运行管理需求，预留与各专业管线配套检测设备、控制执行机构或专业管线监控系统联通的信号传输接口。综合管廊应根据规划、所属区域划分、运行管理要求设置监控中心。监控中心与综合管廊之间宜设置线路连接通路，监控、报警和联动反馈信号应传送至监控中心。

2. 管理平台

统一管理平台应满足综合管廊监控管理、信息管理、现场巡检、安全报警、应急联动等要求，其架构和功能应与综合管廊的管理模式相适应。统一管理平台应将综合管廊监控与报警各系统进行有机集成，实现各系统的关联协同、统一管理、信息共享和联动控制。统一管理平台应具备与入廊管线管理单位、相关管理部门信息平台之间信息互通的功能，同时应具有可靠性、安全性、先进性、易用性、易维护性、可扩展性和开放性。

3. 环境与设备监控系统

环境与设备监控系统应根据综合管廊附属机电设备、入廊管线种类、运行管理要求设置。

环境与设备监控系统应对综合管廊环境质量进行监测，并对通风系统、排水系统、供配电系统、照明系统的设备进行监控和集中管理。环境与设备监控系统应按集中监控和管理、分层分布式控制的原则设置。环境与设备监控系统应具有接入入廊管线配套检测设备、控制执行机构信号的可扩展功能。

安装在综合管廊内的环境与设备监控系统设备应采用工业级产品。环境与设备监控系统应具有标准、开放的通信接口及协议。

4. 火灾自动报警系统

综合管廊的火灾自动报警系统的设计，应结合不同保护对象的特点及相关的监控系统配置，做到安全适用、技术先进、经济合理、管理维护方便。

监控中心、变配电所等配套用房应设置火灾自动报警系统，系统的设计和设置应符合现行国家标准《火灾自动报警系统设计规范》（GB 50116—2013）的有关规定。综合管廊应设置消防控制室，且消防控制室应与监控中心控制区合用。综合管廊内火灾自动报警系统组件的兼容性和通信协议的兼容性应符合现行国家标准《火灾自动报警系统组件兼容性要求》（GB 22134—2008）的有关规定。

5. 安全防范系统

综合管廊安全防范系统应由安全管理系统和若干子系统组成。子系统应包括入侵报警系统、视频安防监控系统、出入口控制系统、电子巡查系统。根据综合管廊的规模、安全管理要求，子系统可增加人员定位系统。

安全管理系统应实现对各安全防范子系统的有效监控、联动和管理，其功能宜由统一管理平台融合。综合管廊安全防范系统宜自成安防专用网络独立运行。网络带宽应能满足安防信号接入监控中心中央层的数据传输带宽要求，并应留有富余量，且应保证报警信号和控制信号的传输。

综合管廊安全防范系统的设计，应符合现行国家标准《城市综合管廊工程技术规范》（GB 50838—2015）、《安全防范工程技术规范》（GB 50348—2018）、《入侵报警系统工程设计规范》（GB 50394—2007）、《视频安防监控系统工程设计规范》（GB 50395—2007）和《出入口控制系统工程设计规范》（GB 50396—2007）的有关规定。

6. 可燃气体报警系统

综合管廊含天然气管道的舱室应设置固定式可燃气体探测报警系统。可燃气体探测报警系统应接入综合管廊统一管理平台。

可燃气体探测报警系统的设计应符合现行国家标准《石油化工可燃气体和有毒气体检测报警设计标准》（GB/T 50493—2019）、《城镇燃气设计规范》（GB 50028—2006）和《火灾自动报警系统设计规范》（GB 50116—2013）的有关规定。

7. 通信系统

综合管廊应设置固定语音通信系统，根据管理需求可设置无线通信系统。监控中心宜设置对外通信的直线电话。综合管廊通信系统应能满足监控中心与综合管廊内工作人员之间互相语音通信联络的需求。

3.4.5 排 水

综合管廊是现代化的地下市政基础设施，其管线高度集约，在城市建设中发挥了很好的作用，方便了管线的检修和管理，同时能在很大程度上解决因频繁开挖管道而引起的不良的城市容貌问题。因此，综合管廊是排布在地下的城市生命线，其安全问题不容忽视。目前国内投入运行的综合管廊出现的问题大多集中在排水管道的安全问题上，积水、水淹现象频发，所以要加强综合管廊的排水设计。

1. 引起管廊内积水的原因可能有以下几种

（1）供水管道接口的渗漏水；

（2）供水管道事故漏水和检修放空水；

（3）综合管廊内冲洗排水；

（4）综合管廊结构缝处渗漏水；

（5）综合管廊开口处进水；

（6）消防排水。

考虑到管沟内爆管、消防后都可以通过外部协助进行排水，因此本设计排水规模主要考虑排除冲洗排水及结构渗漏水。

综合管廊内应设置自动排水系统，排水区间长度不宜大于200m。综合管廊的低点应设置集水坑及自动水位排水泵，底板宜设置排水明沟，并通过排水明沟将综合管廊内积水汇入集水坑，排水明沟的坡度不应小于0.2%。综合管廊的排水应就近接入城市排水系统，并设置逆止阀。天然气管道舱应设置独立集水坑。综合管廊排出的废水温度不应高于40℃。

管廊排水还应注意管道布置等诸多问题。排水管道系统的设备选择、管材配件连接和布置不得造成泄漏、冒泡、返溢，不得污染室内空气、管线等。排水管道应以良好水力条件连接，并以管线最短、转弯最少为原则。

2. 排水集水池设计应符合下列规定

（1）集水池污水泵每小时启动次数不宜超过6次；

（2）集水池除满足有效容积外，还应满足水泵设置、水位控制器、格栅等的安装、检查要求；

（3）集水池设计最低水位，应满足水泵吸水要求；

（4）集水坑应设检修盖板；

（5）集水池底宜有不小于0.05坡度坡向泵位；集水坑的深度及平面尺寸，应按水泵类型而定；

（6）污水集水池宜设置池底冲洗管；

（7）集水池应设置水位指示装置，必要时应设置超警戒水位报警装置，并将信号引至物业管理中心。

污水泵、阀门、管道等应选择耐腐蚀、大流通量、不易堵塞的设备器材。集水池中排水泵应设置一台备用泵。

综合管廊作为城市的地下市政"生命线"，对城市基本的市政功能有着很大的作用，在实用性和城市景观的美化度方面也更胜一筹。所以要保证好地下市政"生命线"的安全，尤其是排水设计的安全问题，使其真正发挥城市用水、排污、电力等方面的巨大作用，造福全人类。

3.4.6　标　识

为推进城市综合管廊运维管理标准化建设，便于城市综合管廊安全运营维护管理，应规范城市综合管廊标识系统设计。

综合管廊标识的设置应充分结合路段实际的特点，在达到提供内部设备管线等相关信息以及提醒和警告作用的同时，要与管廊内部的整体效果相配合，且不得影响管线的安装敷设乃至整个系统的有序工作。

标识由相应资质的专业厂家生产，选用材料的材质、强度、刚度须满足《道路交通标志板及支撑件》（GB/T 23827—2021）的规定。

为便于施工，在相应节点处，标识设置原则如下：

（1）集水坑：在集水坑前后 5m 范围内单面设置集水坑标识；

（2）吊装口：在吊装口前后 5m 范围内单面设置吊装口标识与当心落物标识；

（3）逃生口：在逃生口前后 5m 范围内单面设置逃生口标识；

（4）通风口：在通风口前后 5m 范围内单面设置通风口标识；

（5）接头井：在接头井前后 5m 范围内单面设置接头井标识；

（6）安全出口标识：每隔 50m 单面设置安全出口标识；

（7）专业管线：通过滑动螺栓、抱箍或喉箍等连接配件将管道标识固定于管道上，每隔 100m 单面设置。

1. 工艺及材料要求

（1）反光膜

安全标识底版反光膜采用Ⅳ类反光膜（超强级），字膜采用Ⅳ类反光膜（超强级）。

反光膜外观质量、光度性能、色度性能及逆反射系数值须符合《道路交通反光膜》（GB/T 18833—2012）的有关规定及达到Ⅳ类反光膜（超强级）的技术指标。反光膜尽可能减少拼接，当标识板的长度（或宽度）、直径小于反光膜产品的最大宽度时，不得有拼接缝。当黏贴反光膜不可避免出现接缝时，必须使用反光膜产品的最大宽度进行拼接。接缝以搭接为主，重叠部分不得小于 5mm。当需要滚筒黏贴时，可以平接，其间隙不得超过 1mm，距标识板边缘 5cm 之内，不得有拼接。

（2）标识板材

标识板采用建筑幕墙用铝塑板制作，板厚 4mm。标识板的外形尺寸误差应小于 ±0.5%，平面翘曲的误差应小于 ±3mm/m。

（3）板面要求

标识板面须平整、清洁，表面无气泡和明显皱纹、凹痕式变形，满足《道路交通标志板及支撑件》（GB/T 23827—2009）规定的要求。标识板边缘须整齐、光滑，对标识板的边缘和夹角须适当倒棱，呈圆滑状。

（4）标识板颜色

颜色色度按照《视觉信号表面色》（GB/T 8416—2003）中有关规定执行。颜色种类参考 RAL 工业国际标准色卡执行。

2. 标识类型

根据标识在综合管廊中提供的信息及设置方式的不同，把综合管廊标识系统分为安全类标识、职业健康类标识、设备类标识、公共信息类标识、管线类标识五个部分。

安全类标识包含禁止标识、警告标识、施工指令类标识，目的是提醒和警告入廊人员注意可能发生的危险，设置在管廊入口及可能存在安全危险隐患的醒目位置；职业健康类标识包含佩戴安全帽、手套、防毒面具等标识，标识设置在管廊入口及影响职业健康的场所、设备处；设备类标识包含风机、水泵、气体检测仪等设备标识，标识设置在相应的设备处，便于设备的管理和维护；公共信息类标识包含位置标识（桩号里程）、逃生口、人员出入口等管廊节点标识，便于管廊人员的定位、导向、逃生等；管线类标识包含入廊的电力电缆、通信电缆、给水管等管线标识，便于区分各种管线以及后续的维护和检修。

标识的文字部分必须采用简写字体，不能使用繁体以及其他不易辨认字体。

标识的颜色宜采用安全色和对比色，安全色与对比色色度技术要求应符合现行国家标准《安全色》（GB/T 2893—2020）的规定。

标识做法：

"信息铭牌"标识设置在管廊总入口的醒目位置（图 3-36）。"定位铭牌"设置在距起点每隔 500m 及管廊与管廊交叉节点的醒目位置。标识牌牌面颜色为交通绿 RAL6024，字体及内框边线采用交通白 RAL9016，参考 RAL 工业国际标准色卡。

图 3-36 综合管廊信息铭牌

管廊入廊的设备旁边须设置设备铭牌，须标明设备的名称、基本数据、使用方式及紧急联系电话（图 3-37）。管道入廊时，须同步设置管道标识，标识尺寸须统一。通过滑动螺栓、抱箍或喉箍等连接配件将管道标识固定于管道上，每隔 100m 单面设置（图 3-38）。

图 3-37 管道标识版面

图 3-38 集水坑、衔接交叉、出线井、I/O 站、逃生口、通风口标识

注：交叉口标识中"×"、里程标识中"×"为里程桩号，其余标识中"×"为编号。

标识采用建筑幕墙用铝塑板，厚 4mm，单面标识，标识底版采用Ⅳ类反光膜（超强级），边角须切割成圆弧形，半径为 10mm（图 3-39）。

图 3-39　安全出口、防火墙标识

为便于管廊内管道的识别和维护管理，规范管廊内专业管道的颜色标识，电力管廊内各管道颜色须进行统一设置。颜色参考 RAL 工业国际标准色卡。

中型标识悬挂于管廊横断面的顶板下，标识顶部需与箱涵顶端平齐，应保证地面到标识间净高大于 2m。

标识施工时可根据现场情况纵向微调，且横向避让摄像头、消火栓、灯具等设备预埋件。

3.5　结构设计

3.5.1　结构设计原则

结构设计应满足工艺设计的要求，遵循"结构安全可靠、施工方便、造价合理"的原则；结构设计应根据拟建场地的工程地质、水文资料及施工环境，优化结构设计，选择合理的施工方案；结构设计应遵循现行国家和地方设计规范和标准，使结构在施工阶段和使用阶段均能满足承载力、稳定性和抗浮等极限要求以及变形、抗裂度等正常使用要求，并满足耐久性要求。

3.5.2 主要工程材料

混凝土：管廊主体结构应根据环境类别及结构计算确定，同时混凝土标号应不小于C30，抗渗等级不小于P8；素混凝土垫层应不小于C20。

3.5.3 主体结构设计

1. 结构设计要点

综合管廊断面设计必须满足运营、施工、防水、排水等要求，保证具有足够的强度和耐久性，满足综合管廊使用期间安全可靠的要求以及各设备工种的埋件设置要求。

综合管廊结构应对施工和使用阶段不同工况进行结构强度、变形计算，同时还需满足防水、防腐蚀、安全、耐久等要求。

结构构件需根据规范要求控制最大裂缝宽度。

2. 荷载及组合

主要计算荷载：

（1）永久荷载（恒荷载）

结构自重荷载——综合管廊结构自重；

覆土荷载——综合管廊顶覆土荷重；

侧向荷载——作用综合管廊在侧面的水、土压力；

（2）可变荷载（活荷载）

地面荷载——通常按$10kN/m^2$计算，对于道路上的车辆荷载由计算确定；

施工荷载——施工荷载包括设备运输及吊装荷载、施工机具荷载、地面堆载、材料堆载等。

3. 矩形综合管廊加载模式

矩形综合管廊加载模式示意，如图3-40所示。

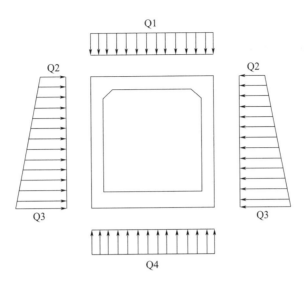

图 3-40   矩形综合管廊加载模式

4．管廊标准段结构设计

管廊区间段采用钢筋混凝土箱涵结构，覆土厚度根据总体设计方案来确定，每20~25m 设一道变形缝。

5．结构抗浮设计

按使用期间可能出现的最高地下水位浮力设计，对于抗浮不满足要求的结构段采取抗浮措施，抗浮安全系数为 1.05。

3.5.4   防水设计

综合管廊主体防渗的原则是"以防为主，防、排、截、堵相结合，刚柔相济，因地制宜，综合治理"，主要通过采用防水混凝土、合理的混凝土级配、优质的外加剂、合理的结构分缝、科学的细部设计来解决综合管廊钢筋混凝土主体的防渗问题。

在进行综合管廊结构的防水设计时，严格按照《地下工程防水技术规范》（GB 50108—2008）（以下简称《规范》）标准设计，防水设防等级为一级。

在防水设防等级为一级的情况下，综合管廊主体不允许漏水，结构表面可有少量湿渍，总湿渍面积不应大于总防水面积的 1/1000；任意 $100m^2$ 防水面上的湿渍不超过 1 处，单个湿渍的最大面积不应大于 $0.1m^2$。

综合管廊为现浇钢筋混凝土结构，按承载能力极限状态及正常使用极限状态进行双控方案设计，裂缝宽度不得大于《规范》要求的限值，并不得贯通，以保证结构在正常使用状态下的防水性能。

根据《规范》及大量的工程实践经验，一般情况下分缝间距为20~25m。这样的分缝间距可以有效地消除钢筋混凝土因温度收缩、不均匀沉降而产生的应力，从而实现综合管廊的抗裂防渗设计。

防水层采用自粘聚合物改性沥青防水卷材。在节与节之间设置变形缝，钢边橡胶止水带，可重复式注浆管，背贴式止水带。

变形缝、施工缝、通风口、吊装口、预留口等部位是渗漏设防的重点部位。施工缝中为330mm×4mm镀锌钢板。通风口、吊装口、出入口设置防地面水倒灌措施。

因为有各种规格的电缆需要从综合管廊内进出，根据以往地下工程建设的教训，电缆进出孔是渗漏最严重的部位，本次工程预留口采用标准预制件预埋来解决渗漏的技术难题。

3.5.5 结构耐久性设计

水泥应采用普通硅酸盐水泥，通过查阅场区岩土工程地质勘察报告中环境类别、地下水、场区土腐蚀性评价等内容，确定混凝土的水胶比、混凝土中最大氯离子含量和最大碱含量，确保其耐久性满足设计要求。

3.5.6 地基处理

综合管廊基底所处地层地基承载力应根据计算的结果确定，首先应结合总体设计确定管廊结构基底所处地层及埋深，然后通过结构计算确定管廊基底应力值，查阅地勘报告中地层地基承载力数值，与之对比确定是否满足承载力要求。当位于软弱地质地层，承载力不满足设计要求时，应考虑地基处理，常见方法有换填石渣、高压旋喷桩加固地基等。

3.5.7 结构计算

1. 计算模型

现浇混凝土综合管廊标准段的截面内力计算模型宜采用闭合框架模型，出线井、孔口等附属结构的截面内力计算模型宜采用整体模型。

2. 边界条件

地基较为坚硬或经过加固处理的地基，基底反力可视为线性分布，未经处理的软弱地基，基底反力应按照塔形地基上的平面变形截面来计算。

3. 荷载取值及荷载组合

综合管廊设计荷载：位于车行道、人行道和非机动车道采用城 -A 级车辆荷载，位于绿化带中采用城 -B 级车辆荷载。

承载能力极限状态：对应于管廊结构达到最大承载能力，管廊主体结构或连接构件因材料强度超过而破坏；管廊结构因过量变形而不能继续承载或丧失稳定。其按荷载的基本组合计算荷载组合的效应设计值进行设计。

正常使用极限状态：对应于管廊结构符合正常使用或耐久性能的某项规定限值；影响正常使用的变形量限值；影响耐久性能的控制开裂或局部裂缝宽度限值。其根据不同的设计要求，采用荷载的频遇值效应组合、准永久值效应组合进行设计。

4. 抗震计算

综合管廊工程的抗震计算方法《规范》中未予明确，依据相关规范，主要有以下两种抗震计算方法：

（1）《室外给水和燃气热力工程抗震设计规范》（GB 50032—2003）、《构筑物抗震设计规范》（GB 50191—2012）中采用的是惯性静力计算方法。这种计算方法不考虑结构与周围土体的实际受力状态，而是将地震力直接转换为惯性静力，采用静力方法进行地震作用的计算。

（2）《建筑抗震设计规范》（GB 50011—2010）和《城市轨道交通结构抗震设计规范》（GB 50909—2014）中采用的是反应位移法。这种计算方法能较为准确地反映结构与周围土体的实际受力状态，在计算模型中引入地基弹簧来反映结构周围土层的约束作用，同时可以定量标示两者之间的相互影响。反应位移法特别适用于地层分布均匀、规则且具有对称轴的纵向较长的地下建筑，与综合管廊的特点相符。

以《城市轨道交通结构抗震设计规范》第 6.6 条规定的反应位移法为例，须从四个方面考虑地震作用：土体约束、土层位移、土层剪力及结构惯性力。

3.6　常用结构形式

　　圆形结构的综合管廊主要用于地下管道、电缆、通信线路等的布置和维护，具有结构简单、施工便捷、承载能力强等特点；方形结构的综合管廊适用于大型市政工程、交通枢纽、商业综合体等场所，具有空间利用率高、可扩展性强、施工效率高等特点；椭圆形结构的综合管廊主要用于地铁、高速公路、桥梁等场所，具有承载能力强、防水性能好、施工效率高等特点；不规则形状结构的综合管廊适用于复杂地形、狭窄空间、特殊需求等场所，具有灵活性强、可适应性好、施工难度大等特点。

3.7　管廊施工工艺

3.7.1　预制管廊施工工艺

　　预制装配式城市综合管廊，具有以下优势：以预制管件结构为主体的管廊结构，不仅大大降低了材料消耗，而且管廊结构具有优异的整体质量、抗腐蚀能力强，使用寿命长；可实现标准化、工厂化预制件生产，不受自然环境影响，充分保证预制件质量和批量化生产；现场拼装施工可大大提高生产效率，降低建设成本；工厂化生产保证了管廊结构尺寸的准确性，同时也保证了预制装配式城市综合管廊安装的准确性；无需施工周转材料、无需占用大量材料堆场，施工时间大为减少，有效降低了综合管廊的建设成本。

根据构件规格和运输条件，目前我国综合管廊混凝土预制构件生产方式分为工厂化作业模式和移动式预制生产模式。在工厂化作业模式中，又有台座法生产和流水线制造之别，技术日臻成熟。受制于运输的经济性和安全性，对于大型预制构件，工厂化制备显得不够便利，由此诞生了移动式预制生产模式。移动式预制生产模式类似游牧作业，像综合管廊这样的带状工程，可以借用沿施工线路一侧或者周边规划大临或者小临用地，利用安全区域的某狭长地带建立移动式预制生产设施，将预制混凝土构件所需的设备、材料、工装模块等直接运到项目的施工现场附近，就近下料、预制、养护，然后将成品短距离运输到拼装场地，进而完成拼装作业。当某个区段的廊道施工完毕后，将移动式装备拆装到下一个场地，如此往复，可大大节约成本、提高工效。

3.7.2 现浇管廊施工工艺

综合管廊在重要节点、喇叭口、出线井、综合竖井、孔口等位置因尺寸、形状和体积不规则，需采用现浇法施工。

3.8 管廊内敷设的专业管线设计

综合管廊旨在城市地下建造一个市政共用隧道，可容纳电力、通信、热力、给水、排水、燃气等工程管线的两类及以上，设有专门的检修口、吊装口和监测系统，实施统一规划、统一建设和统一管理的市政公用设施，以达到地下空间的综合利用和资源的共享。

3.8.1　电力电缆

随着城市经济综合实力的提升及对城市环境整治的严格要求，目前在国内许多大中城市都建有不同规模的电力隧道和电缆沟。电力管线从技术和维护角度而言，纳入综合管廊已经没有障碍。国内外已建和在建的综合管廊中普遍纳入了10~220kV的电力管线。

高压走廊架空敷设电缆不仅带来城市地块割裂问题，同时也为周边地块带来了开发难度，而高压线入廊则可充分释放出占用的土地，并提升周边土地价值。电力缆线数量较多，管线敷设、检修在市政管线中最为频繁，扩容的可能性较大。同时电力缆线可与多类管线进行组合，设置于同一廊道内，将其纳入综合管廊使管廊内布置紧凑，管廊利用率高，管廊建设较为经济。因此，首先考虑将电力、通信线缆纳入市政综合管廊。电力管线在管廊内的设置自由度和弹性较大，管线易弯曲，不受空间变化限制，安装与布置容易。电力管线纳入综合管廊的技术与电力隧道、电缆沟相似性高，相关的技术、维护经验丰富。

电力电缆管线入廊也存在着难点，500kV及以上电力管线散热要求较高，同时也为其他管线的维护与维修带来安全风险。因此，电力管线纳入综合管廊需要解决通风降温、防火防灾等问题。

设计电力管线注意以下几点事项：

1. 热力管道不应与电力电缆同舱敷设。

2. 110kV及以上电力电缆，不应与通信电缆同侧布置。

3. 电力管线转弯半径、弯曲半径及分层布置，应符合《电力工程电缆设计标准》（GB 50217—2018）。

4. 电力电缆支架间距要求同上。

5. 综合管廊的管道安装净距见表3-6。

6. 敷设电力电缆的舱室，逃生口间距不宜大于200m。

7. 纳入综合管廊的金属管道应进行防腐设计。

8. 电力电缆应采用阻燃电缆或不燃电缆。

9. 应对综合管廊内的电力电缆设置电气火灾监控系统，在电缆接头处应设置自动灭火装置。

10. 电力电缆敷设安装应按支架形式设计，并应符合现行国家标准。

表 3-6　综合管廊的管道安装净距

DN	综合管廊的管道安装净距（mm）					
	铸铁管、螺栓连接钢管			焊接钢管、塑料管		
	a	b_1	b_2	a	b_1	b_2
$DN < 400$	400	400				
$400 \leqslant DN < 800$	500	500	800	500	500	800
$800 \leqslant DN < 1000$						
$1000 \leqslant DN < 1500$	600	600		600	600	
$DN \geqslant 1500$	700	700		700	700	

3.8.2　通信光缆

随着通信光纤的发展，通信光缆直径小、容量大，通信管线进入综合管廊已不存在技术障碍。国内外已建和在建的综合管廊中普遍纳入通信管线。

近年来随着通信技术的发展，光缆直径越来越小，通信管线运营企业越来越多，将通信管线纳入综合管廊有利于统一规划、建设、管理，同时有利于改善社会环境，减少事故发生。

通信电缆纳入综合管廊时，高压电缆可能会对通信电缆产生信号干扰问题。因此，在设计综合管廊时，通信管线与110kV以上电缆应不同侧敷设。

1. 通信管线的设计要求

（1）通信管线的种类、容量设计需满足规划要求，并适当预留空间；

（2）综合管廊内通信线缆敷设可采用支架或吊架形式，所采用支架或吊架尺寸、材料需满足通信管线专业要求，设置间距不大于80cm；

（3）综合管廊内通信线缆应采用阻燃线缆，通信线缆敷设安装应按桥架形式设计，并符合国家现行标准《综合布线系统工程设计规范》（GB 50311—2016）和《光缆进线室设计规定》（YD/T 5151—2007）的有关规定；

（4）通信线缆应远离高温和电磁干扰的场地；

（5）通信线缆采用支架敷设时，支架竖向间距不小于30cm；

（6）综合布线系统管线的弯曲半径应符合表3-7的要求：

表 3-7　通信管线敷设弯曲半径要求

线缆类型	弯曲半径（mm）/倍
2 芯或 4 芯水平光缆	>25mm
其他芯数和主干光缆	不小于光缆外径的 10 倍
4 对非屏蔽电缆	不小于电缆外径的 4 倍
4 对屏蔽电缆	不小于电缆外径的 8 倍
大对数主干电缆	不小于电缆外径的 10 倍
室外光缆、电缆	不小于线缆外径的 10 倍

注：当线缆采用电缆桥架布放时，桥架内侧的弯曲半径不应小于 300mm。

2. 通信管线设计的注意事项

（1）注意防火防灾、通风降温，可将通信电缆单独设置一个舱位，分隔成为一个通信专用隧道，通过感温电缆、自然通风辅助机械通风、设置防火分区及监控系统来保证电力电缆的安全运行。

（2）通信管线纳入综合管廊解决信号干扰等技术问题，需要产权管理单位进行技术革新，用光纤通信等先进的技术解决这类问题。

3.8.3　供热管道

在我国北方的大多数城市，由于冬天采暖的需要，目前普遍采用集中供暖的方法，建有专业的供热管沟。由于供热管道维修比较频繁，国外大多数情况下将供热管道集中放置在综合管廊内。

在国内规模最大的广州大学城综合管廊内部就容纳了热力管线，目前运行状况良好。根据监测情况，在热力管线运行时，廊内的环境温度增加约 1℃，对其他管线及日常的维护管理没有影响。

根据热媒的不同，热力管线可分为热水供热系统、蒸汽供热系统和热风供热系统。其中工业区以蒸汽管道运行为主；居住区以高温水管道运行为主。在条件适合的区域实施大温差供热。热力管道结合道路建设采用地下直埋敷设方式，一般埋设在非机动车道上，局部可采用架空敷设方式，尽量避免穿越河流、铁路等障碍物。

热力管道纳入市政综合管廊的优点主要有：①热力管道的保温层容易受损，综合管廊相对热力管沟对热力管道的保护更好，可以延长热力管道的保温层及热力管道的使用寿命；②在综合管廊内，管道的敷设及扩容、检修维护较容易，不存在开挖路面及影响交通；③热力管道可与给水、中水、通信管线中的任意管线进行组合，可提高综合管廊利用率。

热力管道入廊也存在相应的技术难点：①蒸汽管线发生事故，对管廊设施、其他管线风险较大；②热力管线为高温管线，保温层外表面温度仍可能高于环境温度，而管廊内空间狭窄、通风较差，会导致舱内温度可能升高，加快同舱电力电缆老化，安全风险较大；③大管径管道外包尺寸较大，进入综合管廊时要占用相当大的有效空间，对综合管廊工程的造价影响明显。因过大管径的供热管线对管廊造价增加明显，故过大管径供热管线不纳入综合管廊。

1. 热力管道的设计要求

热力管道与管廊内壁间距要求，应满足以下规定：

（1）管廊作为消防通道时，管底至地面的净空高度不宜小于 3.5m；

（2）多层管廊的层间距应根据管径大小和管架结构确定，上下层间距宜为 1.2~2.0m；

（3）当管廊上的管道改变方向或两管廊成直角相交，其高差以 600~750mm 为宜，对于大型装置也可采用 1000mm 高差；

（4）当管廊有桁架时，要按桁架底高计算管廊的净高；

（5）当热力管道在管廊内不布置换热器时，管底至地面的净空高度不宜小于 3m；

（6）布置换热器时，管底至地面的净空高度不宜小于 3.5m。

热力管道与综合管廊间距应尽量满足《城市综合管廊工程技术规范》（GB 50838—2015）中管道安装净距要求。

2. 热力管道设计的注意事项

（1）热力管道采用蒸汽介质应在独立舱室内敷设；

（2）热力管道不应与电力电缆同舱敷设；

（3）热力管线需要设置伸缩器，管道受热时保温层与管道一同膨胀，增加沟内温度，并对其他管线有影响；

（4）采暖管道不得同输送蒸汽燃点低于或等于 170℃ 的可燃液体或可燃、腐蚀性气体的管道在同一条管廊内平行或交叉布置。

3.8.4 燃气管道

城镇燃气包括液化石油气、人工煤气以及天然气。其中液化石油气主要成分为丙烷和丁烷，气态密度为 2.35kg/m³，约为空气密度的 1.686 倍，泄漏后不易排出，因此不宜纳入综合管廊。

人工煤气的主要成分中含有一氧化碳，对人体有显著毒性作用，密度为 1.25kg/m³，与空气密度相差很小。泄漏后不易扩散，不易排出，因此不宜纳入综合管廊。

天然气的主要成分为烷烃，以甲烷为主，无色、无毒、无味，其密度为 0.7174kg/m³，比空气轻。一旦泄漏，会立即向上扩散，不宜积聚形成爆炸性气体，安全性较其他燃气相对较高。

因此，本节仅对天然气管线入廊进行探讨。根据国内外相关设计规范规定，燃气管线可纳入综合管廊。现国内外均有部分综合管廊纳入燃气管线，建成后运行正常，且未出现安全事故。

敷设在城市道路下方的燃气管道有发生泄漏和爆炸事故的可能，原因如下：燃气管道埋深较浅，覆土不足，受外力破坏导致燃气泄漏；道路地质条件较差，产生不均匀沉降，导致燃气管道断裂后泄漏；道路施工不当，燃气管道因开挖而断裂，造成泄漏；燃气管线受土壤腐蚀造成的泄漏；阀门及接头处两端管道不均匀沉降发生变形产生的泄漏；管道泄漏后可燃气体积聚遇明火而产生的爆炸。

燃气管道纳入综合管廊的优点主要表现在：可避免地质条件带来的不良影响；可避免土壤腐蚀，延长使用寿命；避免由于外界压力、施工不当等造成的外力破坏；减少道路开挖，减少对周围环境的影响；便于安装、更换、检修；便于实时监测。

燃气管道纳入综合管廊的缺点主要表现在：可燃气体泄漏对管理人员人身安全的影响；可燃气体泄漏达到一定浓度后，遇明火爆炸的风险；燃气管道需单舱敷设，对管廊造价增加明显；燃气管线正常安全运行，需配置的监测仪表、设备对造价的增加；燃气管线入廊后增加了大量维护管理工作。

因此，天然气管道宜敷设在独立舱室内，当给水管道、再生水管道系统满足易燃易爆环境敷设要求时，可与天然气管道共舱。天然气管道与供水管道、再生水管道共舱时，天然气管道和给水/再生水管道宜分两侧布置。当不同侧布置时，两类管道水平净距不宜小于 1.0m，并满足检修通道的宽度要求。

入廊管道输送的天然气应符合现行国家标准《城镇燃气设计规范》（GB 50028）质量要求的天然气，输送其他类别城镇燃气的管道不得进入城市综合管廊。城市综合管廊内敷设的天然气管道设计压力不宜大于 1.6MPa。天然气管道的设计压力大于 1.6MPa 时，应对天然气管道及舱室进行风险分析及评估，风险可接受方可入廊。

1. 燃气管道设计要求

（1）天然气舱室宜布置在非机动车道或绿化带下方，含天然气舱室的城市综合管廊不得与其他建（构）筑物合建。

（2）天然气舱室严禁穿越地下商业中心、地下人防设施、地下地铁站等重要公共设施，以及堆积易燃易爆材料和具有腐蚀性液体的场地。

（3）天然气舱室与其他舱室并排布置时，应设置在最外侧；天然气舱室与其他舱室上下布置时，应设置在上部。

（4）天然气管道穿越分隔部位应采用靶向膨胀阻火包等进行封墙，并应符合现行国家标准《建筑防火封堵应用技术标准》（GB/T 51410—2020）的有关规定。

2. 燃气管道设计的注意事项

（1）如确定燃气管道入廊敷设，在综合管廊总体设计时需与燃气管理部门进行充分沟通，掌握入廊段燃气管线的管径、压力等级、周边用户需求（支管数量及要求）、阀门及阀件的设置数量及要求等，确保综合管廊设计时与后续专业设计保持一致，并满足专业设计要求；

（2）因综合管廊内燃气管道为独立舱室，综合管廊投料、出入口、通风等设施应独立设置；

（3）燃气管道舱室火灾危险性类别为甲级，相应设施需严格按照甲级要求进行设置。

3.8.5 给水、再生水管道

由于给水、再生水管道属压力流管道，无需考虑管廊的纵坡变化，国内外已建和在建的管廊工程普遍纳入了给水、再生水管线。

管道的材质一般为钢管、球墨铸铁管等。给水管、中水管既有向支路输水，又有直接服务用户的功能。

随着城市建设的发展、科技的进步，给水、再生水管线改建、扩容需求越来越大，将供水管道纳入综合管廊，可为未来管线扩容提供空间，减少管道维修带来的道路开挖及交通拥堵。给水、再生水管线传统埋设方式为直埋，在实际运行中常出现"跑、冒、滴、漏"现象，维修方式多为事故后的维修抢修。而综合管廊可实时监控、随时检修，管线维护方式则可转变为日常保养，有利于及时监控、发现和处理管线问题，有利于管线的维护和安全运行。

给水、再生水入廊的风险在于可能发生爆管等突发事件，可能威胁综合管廊自身和其他管线的安全。给水、再生水入廊需要解决防腐、结露等技术问题，以及管道维护更换检修、冲洗排水等问题。过大管径给水、再生水管道多为长距离输水干线，管道压力较高，管线转弯半径较大，需占用较大舱室空间，管廊造价增加明显。

因过大管径的长距离输水干线压力较高，对管廊造价增加明显，故可规划大管径长距离输水管线不纳入综合管廊。给水、再生水入廊时，应根据管线压力、管线在舱室的位置、节点受理情况等多种因素确定管道的管材、管线、接口形式，做好防腐、结露措施。为便于吊装，可选择轻型管材。高压给水管道纳入综合管廊时，应做好防爆管的措施。

给水、再生水管道设计应符合现行国家标准《室外给水设计标准》（GB 50013—2018）和《城镇污水再生利用工程设计规范》（GB 50335—2016）的有关规定。

给水管道设计注意事项有：

1. 给水管道与热力管道同侧布置时，给水管道宜布置在热力管道下方。

2. 管道三通弯头部位应设置支撑或预埋件。

3. 应预留管道排气阀、补偿器、阀门等附件安装、运行、维护作业所需要的空间。

4. 管材可选 PE、球墨铸铁、钢管，接口宜采用刚性连接，钢管可采用沟槽式连接。

3.8.6 排水管道

排水管线分为雨水管线、污水管线，一般情况下这两种管线管径较大，管线建设规模按照远期规划规模一次建成。雨水、污水管线入廊，雨水可以采取管廊箱涵结构本体进行排水，污水则需要于管廊内安装管道排水。目前，雨水入廊实施较多，多为于综合管廊一侧设置雨水排水箱涵，污水入廊实施略少。

这两类管线入廊，管廊本体将增大，且雨水、污水排水均采取重力流排水，对城市地形要求较高，对于在坡度较小、纵向起伏较多、道路坡向与排水坡向相反的道路下敷设雨水、污水管廊，管廊埋设深度将增大。如下游接纳排水的河流、管道等标高上不满足，则该道路下不可实施雨水、污水管廊。但在满足排水接入下游的情况下，雨水、污水管线入廊可以解决因检修、维护该两类管线带来的马路破挖问题。

雨水、污水管线入廊会使管廊体积增大，投资大大增加，对于城市道路红线满足埋设、经济状况较好的城市可采取雨水、污水管线入廊。

若污水管线进入综合管廊的话，综合管廊就必须按一定坡度进行敷设，以满足污水的输送要求。另外污水管材需防止管材渗漏，同时，污水管还需设置透气系统和污水检查井，管线接入口较多，若将其纳入综合管廊内，就必须考虑其对综合管廊方案的制约以及相应的结构规模扩大化等问题。

根据以上各种市政管线纳入综合管廊的分析，以及《关于推进城市地下综合管廊建设的指导意见》《关于进一步加强城市规划建设管理工作的若干意见》等相关政策文件对于市政管线入廊的要求，因地制宜考虑纳入管廊的管线类型。其中，给水、再生水、热力、电力、通信为国家相关要求入廊的管线；天然气管线在满足燃气专业相关技术安全要求前提下，通过设置单舱等措施入廊；雨水、污水管线则结合城市片区排水系统布局，结合道路坡度、管线坡向、管径等因素，进行综合分析后，具备条件的可实施入廊。

重力流管线入廊，管廊横断面设计时，需考虑周边街坊重力流管线能顺利接入。为防止淤积，重力流管廊宜考虑冲洗设施，尤其在坡度陡变处，可利用中水或自身蓄能进行冲洗。

1. 雨污管线入廊要求

雨污水管线纳入管廊的要求不尽相同：雨水管道可以采用管道或利用结构本体纳入管廊，而污水管道则要求采用管道排水方式纳入管廊。这主要是考虑到综合管廊结构寿命按100年设计，而污水管道内的污水会产生 H_2S 等有害气体，溶解于水后将产生腐蚀性物质，会缩短管道结构寿命。因此，污水纳入综合管廊须采用管道方式，或在综合管廊内部涂衬防腐层。

《城市综合管廊工程技术规范》（GB 50838—2015）对排水管道的安装要求有：排水管渠进入综合管廊前，应设置检修闸门或闸槽。雨水、污水管道的通气装置应直接引至综合管廊外部安全空间，并应与周边环境相协调。雨水、污水管道的检查及清通设施应满足管道安装、检修、运行和维护的要求。重力流管道应考虑外部排水系统水位变化、冲击负荷等情况对综合管廊内管道运行安全的影响。利用综合管廊结构本体排除雨水时，雨水舱结构空间应完全独立和严密，并应采取防止雨水倒灌或渗漏至其他舱室的措施。

2. 雨污管线入廊方式

"丁"字形和"十"字形交叉是综合管廊建设中常见的两种交叉类型，两条管廊在交叉处的设计方案是管廊设计的难点。污水管道入廊后，管廊交叉方案除了要考虑各舱室管线的连接、人员的通行、防火分区的隔断外，还需要特别考虑两条污水管的接驳及管廊埋深的增加问题。

常规管廊在交叉处的做法一般采用上下交叉，即下层管廊在交叉处先下弯，满足上层管廊覆土及未入廊管线交叉需求，之后再上弯至设计覆土随道路坡度敷设，以降低下游管廊埋深。而污水管道入廊后，这种交叉方式会导致下层管廊内的污水管出现倒虹段，增加了污水管堵塞风险。因此，污水管道入廊后，管廊的交叉方案应结合污水管接驳要求进行调整，即由常规的上下层交叉改为平行交叉。

3. 排水管道设计要求

（1）污水管道应按照规划最高日、最高时设计流量，确定断面尺寸；雨水流量的计算应根据情况尽量加大设计雨水重现期，具体标准应根据综合管廊总体设计方案来确定；

（2）排水管渠进入综合管廊前应设置检修闸门或闸槽，建议在沿线支管接入前设置沉泥设施；

（3）雨水、污水管道应设置通气装置，并直接引至综合管廊外部；

（4）雨水、污水管道系统应严格封闭，不得与其他舱室连通；

（5）雨水、污水管道舱室内应考虑管道安装、检修、运行和维护的要求，设置管道材料、管件等设施应满足安装要求；

（6）综合管廊内排水管道材料可选用钢管、球磨铸铁管、塑料管等，需根据综合管廊总体专业设计及后续安装、运行等综合考虑确定具体材料；

（7）利用综合管廊结构本体排除雨水时，雨水舱结构空间应完全独立和严密。

4. 排水管道设计注意事项

（1）综合管廊内排水管道设计前应与综合管廊总体专业进行充分沟通，明确入廊排水管道的设计要求及节点处理方案等内容；

（2）在综合管廊纵坡基本确定的情况下，设计排水管道管径时需根据综合管廊纵坡进行核算，确保设计管道管径满足流量及流速要求。

（3）传统直埋敷设时，污水管每隔一定距离设置检查井，并借助检查井井盖的孔洞进行通风换气，保证管内有害气体浓度保持在爆炸下限以下。污水管道入廊后，检查井由污水出舱井代替。

4

综合管廊工程特色技术

4.1 污水入廊节点处理方法

4.1.1 技术方案

污水管道埋深受排水系统控制，具有一定坡度，对管廊横断面、纵断面以及出线井形式产生较大影响；污水产生的甲烷、硫化氢等有毒有害气体需快速排至廊外，以免影响养护管理人员健康；检查井设置需满足日常检修、疏通要求；传统"错层"方式的出线井形式无法满足污水进出线需要。

基于污水入廊特点，结合污水管道悬吊于污水舱顶板方案，并结合以往"十"字出线井建设经验，本节提出新的出线井解决方案。

降板法：首先保证主线污水舱顶板不动，交叉区域主廊降板（降底板），支廊升板（升顶板），从而实现交叉区域主廊、支廊共板，污水在此区域完成换舱，实现污水管线的衔接。在非交叉区域，主廊、支廊通过调整坡度，恢复到标准覆土深度下。

斜板法：与降板法仅对舱室底板下卧不同，斜板法对除污水舱外的其他舱室整体下卧，以让出竖向空间，便于支廊污水与主廊污水完成交汇。主廊下卧段与标准段通过设置防滑坡道完成衔接。十字井区域，除污水管线外，其余管线通过管廊展宽完成水平排布，并通过竖向通道完成上下层衔接，实现互通。

4.1.2 应用案例

青岛胶东国际机场以南六路、南八路、南十路为干线综合管廊，以南三路、南十一路、T2T3联络通道为支线综合管廊，总体呈"齐"字布局的系统结构，综合管廊总长约 11.9km。综合管廊布置在人行道及绿化带下，设置了一处监控中心。

污水入廊解决方案在不改变原有排水系统的前提下，创新性地提出了重力流污水入廊后悬吊于管廊顶板的方案，并发明了针对两种综合管廊出线井形式"降板法""斜板法"，结合检查井、管材、接口等一系列的设置相关研究，形成了系统性的重力流污水入廊解决方案。

从专项规划层面优化调整区域道路、管廊、排水布局，保持管廊、排水坡度方向与道路坡度一致；在不改变原有排水系统、无需设置下游提升泵站前提下，通过创新管廊横断面布置形式和出线井方案，有效解决污水管道入廊进出线问题；在检查井设置形式、防水处理等方面进行了相关探索。

1. "降板法"

为满足一般情况下污水和其他专业管线的出线要求，管廊在出线井处底板下卧，除污水外其余管线随底板一同下卧，污水保持原坡度不变，上部空间只剩污水；顶板局部降板，污水进入上层管廊空间，与支线污水完成管线衔接；交叉节点处上下管廊展宽，各管线水平分布，通过竖向通道相互衔接。在管廊出线井以外区域，底板通过缓坡恢复至常规埋深，与标准段衔接（图 4-1 和图 4-2）。

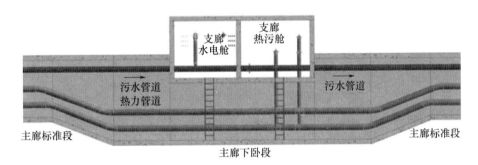

图 4-1 "降板法"出线井主廊方向 BIM 剖面示意

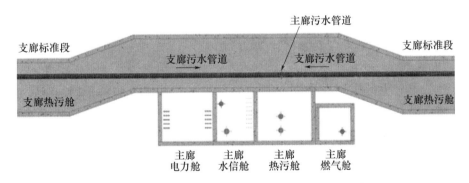

图 4-2 "降板法"出线井支廊方向 BIM 剖面示意

该方法适用于管廊顶部无约束条件的情况下，可节省投资。同时，由于出线井结构本体高度在 6.5~7.0m 之间，廊顶覆土在 1m 以内，可以控制整个出线井埋深在 7.5~8.0m 之间，最大程度减小出线井的埋深；管廊底板降落量少，底板弯折角度较小，管线敷设平顺，压力管道的损失小。

"降板法"污水出线井 BIM 平面示意如图 4-3 所示。

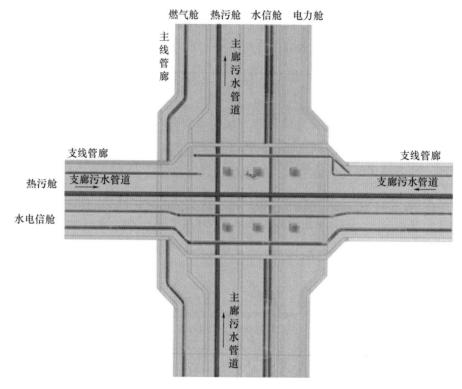

图 4-3 "降板法"污水出线井 BIM 平面示意

对于污水敷设于管廊底部的其他项目,与"降板法"原理类似,可采用顶板上抬方式,即"升板法",有条件地区可以采用此法。

2."斜板法"

为满足廊外上部受约束条件控制情况下污水和其他专业管线的出线要求,将出线井整体降低至约束因素以下,污水舱及污水管道仍沿道路坡度敷设,于出线井上层空间完成汇集并排至下游污水管道;除污水舱外,其他舱室及管线下卧至出线井下层空间;交叉节点处上下管廊展宽,除污水外其他管线水平分布,通过竖向通道相互衔接;管廊标准段与出线井间通过一定距离的渐变段衔接,如图 4-4 和图 4-5 所示。

该方法适用于管廊顶部有约束条件的情况下,出线井整体位于约束条件以下,埋深可达 9~10m,投资较大。由于污水舱保持坡度不变,其余舱室整体下卧,管线运行顺畅。污水舱室内污水管道下方可设置防滑坡道,方便管道安装及检修,满足通行需求。

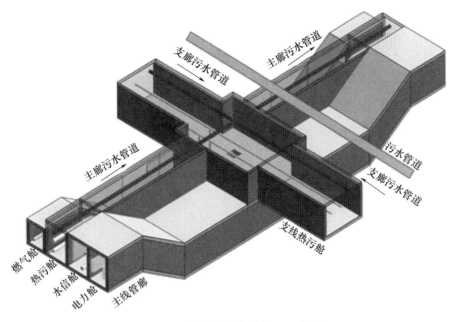

图 4-4 "斜板法"出线井 BIM 俯视

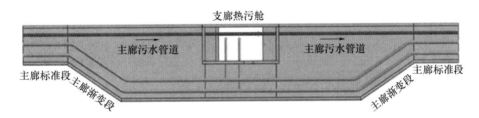

图 4-5 "斜板法"出线井主廊方向 BIM 剖面示意

4.1.3 主要成果

此污水管线入廊方法申请了两项实用新型专利，其中关于综合管廊内污水管道出线设计、综合管廊内污水管道出线系统，有人专门发表了一篇论文《关于污水管道入廊的几点考虑》。

按照高起点规划、高标准建设原则，试点城市先行先试，配套区内六条主要市政道路建设了综合管廊，这是国家综合管廊试点城市（青岛）的试点项目之一。

项目的实施为污水入廊提供了可复制、可参考、可借鉴的工程案例，后续中德生态园纵七路综合管廊工程等项目中均进行了应用。

4.2 燃气入廊处理方法

4.2.1 技术方案

燃气入廊解决方案中，燃气舱内管道、阀门等附属设施均按照国家标准、设计规范执行，在此基础上研究了天然气管道在独立舱室内敷设，确立为分舱独立结构形式；天然气舱变形缝与其他舱室错缝设置，荷载明确、受力清晰，避免了不均匀沉降导致横向和竖向裂缝引发燃气泄漏至相邻舱室的风险。在通风口设置、燃气舱内地面结构、附属设备、监控设施、燃气管道安装等多方面研究解决方案。

4.2.2 应用案例

青岛胶东国际机场综合管廊燃气入廊解决方案：

1. 燃气舱结构形式

项目所在区域地质复杂多变，管廊基础部分位于强风化泥岩上，局部位于软弱土层，沿线变化较大，存在不均匀沉降。根据《城市综合管廊工程技术规范》（GB 50838—2015）天然气管道应在独立舱室内敷设的要求，项目中燃气舱内管道、阀门等附属设施均按照国家标准及设计规范执行，在此基础上也综合考虑了地质影响、施工周期等因素，对燃气舱结构形式进行了探讨。

在地质条件方面，综合管廊沿道路线性敷设，受区域地质复杂、相邻段地质突变影响，变形缝两侧存在沉降差；在管廊荷载方面，燃气舱与其他舱室敷设在道路断面中的位置不同，且主线、支线管廊均需穿越相交道路，横向荷载变化较大，易在结合面处产生较大结构裂缝；同时廊顶覆土不同，管廊静荷载差异性较大，沉降量不易控制。

方案一［图 4-6（a）］的变形缝错开设置，荷载明确，受力清晰，施工进度有保证，避免了方案二［图 4-6（b）］的弊端。由于本项目地质情况的特殊性，方案一较为适宜，在施工过程中采用双墙并浇筑防水构造，同时施工燃气舱和其他舱室。

目前，一般多采用方案二，见图 4-6（b）的形式，根据以往建设经验，本项目若采用常规变形缝，变形缝橡胶止水带易撕裂，标准段范围内不均匀沉降易导致横向和竖向裂缝，存在燃气泄漏至相邻舱室的风险；若采用"Z"形变形缝，虽能解决变形缝处不均匀沉降问题，但无法避免管廊横向和竖向裂缝，且施工难度较大，对工期有较大影响。

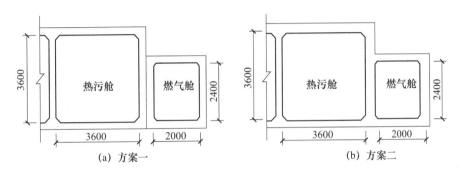

图 4-6　燃气舱结构形式方案

地质良好地区或采取可靠技术措施的其他项目应充分论证两个方案，因地制宜采取适宜的结构形式，既要节省工程投资，又要方便管廊建设。

2. 燃气舱通风口设置

工程设计根据燃气、石油液化气相关规范，邀请国内专家对燃气舱通风口的设置要求进行研究和评审，最终确定，燃气舱上部孔口距离其他舱室上部孔口平面净距不小于 10m；燃气舱进风口、排风口风亭口下沿距离地面完成面高度不小于 1.8m。这样可以避免舱室间的相互影响以及燃气舱对周边环境安全的影响。

3. 其他要求

工程设计对入廊燃气的压力等级进行了相关要求，燃气管道管材采用无缝钢管、焊接连接、焊缝 100% 超声波检测及 100%X 射线检测。燃气管道分段阀设于管廊外侧，舱室内不设置阀门；燃气舱内排水泵采取防爆电机；地面采用防发火花细石混凝土地面；采用工业级燃气探测器并与监控主机、燃气控制阀、通风系统联动等一系列安全措施。

4. 典型断面设计

工程设计在解决污水入廊、燃气入廊的一系列技术难题后，依据《城市综合管廊工程技术规范》（GB 50838—2015）集约化设计综合管廊标准横断面图，典型断面为三舱和四舱（图 4-7~图 4-10）。

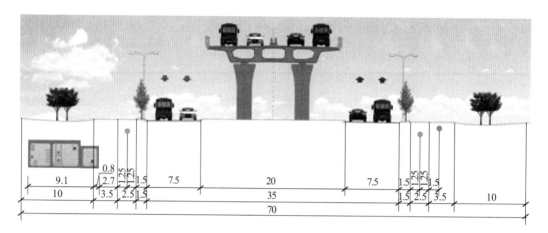

图 4-7　三舱综合管廊三维控制线示意

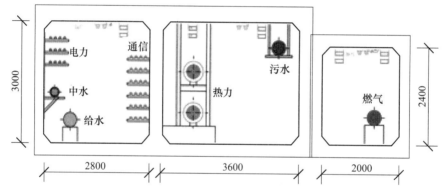

图 4-8　三舱综合管廊典型横断面示意

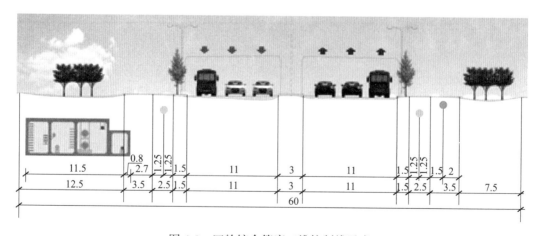

图 4-9　四舱综合管廊三维控制线示意

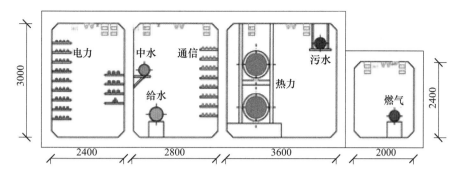

图 4-10　四舱综合管廊典型横断面示意

4.2.3　主要成果

作为全国第一个应用于国际机场的大型综合管廊工程，青岛胶东国际机场综合管廊做法吸引了住房城乡建设部、山东省住房和城乡建设厅、中国建筑设计研究院、青岛市住房和城乡建设局、广州市住房和城乡建设局等部门，以及济南机场二期工程等项目来进行考察交流，为相关工程提供了范例。

2018 年，住房城乡建设部会同财政部对全国 25 个地下综合管廊试点城市进行调研工作，对本项目的设计创新给予了充分肯定，最终青岛胶东国际机场综合管廊工程从全国众多优秀工程中脱颖而出，成功入选国家综合管廊建设案例库。

胶东机场综合管廊建设项目共推广建筑业 10 项新技术中的 8 大项 17 子项；获得发明专利 9 项，新型实用专利 11 项；获得省部级科技成果 3 项，部级科技成果 1 项；同时荣获山东省安全文明标准化工地、山东省 BIM 示范工地、山东省绿色施工科技示范工程等多个奖项。

4.3 规划评价体系

规划评价体系是指由表征评价对象各方面特性及其相互联系的多个指标所构成的具有内在结构的有机整体。

为了使指标体系科学化、规范化，在构建指标体系时，应遵循以下原则：

1. 系统性原则

各指标之间要有一定的逻辑关系，它们不但要从不同的侧面反映出系统的主要特征和状态，而且还要反映系统之间的内在联系。每一个子系统由一组指标构成，各指标之间既相互独立，又彼此联系，共同构成一个有机统一体。指标体系的构建具有层次性，自上而下，从宏观到微观，层层深入，形成一个不可分割的评价体系。

2. 典型性原则

务必确保评价指标具有一定的典型性，尽可能准确地反映出特定区域的综合特征，即使在减少指标数量的情况下，也要便于数据计算，提高结果的可靠性。

3. 动态性原则

发展需要通过一定时间尺度的指标才能反映出来，因此，指标的选择要充分考虑到动态的变化特点，应该收集若干年度的变化数值。

4. 简明科学性原则

各指标体系的设计及评价指标的选择必须以科学性为原则，客观真实地反映系统的特点和状况，且客观全面反映出各指标之间的真实关系。各评价指标应该具有代表性，不能过多过细，使指标过于繁琐，相互重叠，指标又不能过少过简，避免指标信息遗漏，出现错误、不真实现象，并且数据易获且计算方法简明易懂。

5. 可比、可操作、可量化原则

在指标的选择上，特别注意在总体范围内的一致性，指标选取的计算量度和计算方法必须一致统一，各指标尽量简单明了、微观性强、便于收集，而且应该具有很强的现实可操作性和可比性。选择指标时也要考虑能否进行定量处理，以便于进行数学计算和分析。

6.综合性原则

在系统相应的评价层次上，全面考虑影响环境、经济、社会系统等诸多因素，并进行综合分析和评价。

4.4 顶管施工工法

4.4.1 顶管施工防水做法

1.管节连接处压浆挤密。

2.管道接口卡扣式连接密封。

4.4.2 管廊内部预埋件防腐

钢结构的防腐与涂装应采用性能可靠、附着力强、耐候性好、防腐蚀强的涂装防护体系。支架采用外刷双组份底固合—纳米硅特种防锈涂料，涂层道数为2道，设计干膜厚度 140μm。

4.4.3 技术方案

顶管法是借助顶推设备（液压千斤顶）将管节从工作坑（始发井）穿过土层一直推到接收坑（到达井），依靠顶管机刀盘不断地切削土屑，由螺旋机将切削的土屑排出，并通过洞水平运输至始发井口吊出，边顶进、边切削、边排土，将管道逐段向前敷设的一种非开挖施工技术（图 4-11）。

图 4-11 综合管廊顶管工程

顶管施工方法具有以下优点：

1.施工占地面积小、噪声低、无扬尘；

2.不开挖路面、不封闭交通、不改迁管线；

3.在同等截面下，矩形隧道比圆形隧道更能有效地利用地下空间；

4.施工对周围土体扰动小，能有效控制地面和管线的沉降。

根据顶管机设计要求，顶管螺旋机出土最大粒径为 250mm，施工中有可能会遇到顶管机无法排出的较大孤石。在遇到顶管机无法排出的孤石时，需于地面确定孤石位置，进行临时交通疏解，开挖取出孤石。

矩形顶管施工主要包含顶管始发准备工作、设备安装、始发施工、正常推进、接收施工、收尾工作。

4.4.4 应用成果

顶管施工方式在管廊建设中多有应用，近年来取得了良好的经济效益和社会效益。在威海松涧路综合管廊建设中（图 4-12），管廊需穿越 200m 宽的石家河，同时河道周边为黑松林风貌保护带，宽约 600m。管廊若采用开挖施工方式，将对黑松林景观造成不可恢复的破坏，通过多方案论证，最终确定顶管施工方式。松涧路顶管工程采用了外径尺寸 4.72m 的混凝土顶管专用管，该管属于当时全国最大断面顶管尺寸。

顶管工程中的工作井、接收井平均深度为15m，将顶管完成后的工作井、接收井功能进行扩展，作为管廊功能性孔口，兼顾通风、吊装、逃生及人员出入口功能。通过顶管设计，实现了综合管廊建设与黑松林景观风貌带保护"双赢"。

图4-12 松涧路管廊顶管施工现场照片

4.5 明挖施工工法

综合管廊明挖工程应根据总体设计平面图、纵断面图、横断面图、管廊结构、工程场区内地勘报告、2倍基坑深度范围内地下管线及构筑物详细资料等确定施工场区内基坑实际位置、基坑深度及支护方式。

4.5.1 明挖基坑等级划分

基坑支护设计时应综合考虑基坑周边环境和地质条件的复杂程度、基坑深度等因素，确定采用支护结构的安全等级。对同一基坑的不同部位，可采用不同的安全等级。

一级：支护结构失效、土体过大变形对基坑周边环境或主体结构施工安全的影响很严重。

二级：支护结构失效、土体过大变形对基坑周边环境或主体结构施工安全的影响严重。

三级：支护结构失效、土体过大变形对基坑周边环境或主体结构施工安全的影响不严重。

4.5.2 明挖基坑支护方式的选型

常见综合管廊基坑支护形式及其优缺点如表 4-1 所述。

表 4-1 支护结构形式比较

支护结构形式	优点	缺点	适用范围
放坡 + 土钉墙	1. 施工简单，速度快，施工空间大； 2. 基坑深度较小时造价低	1. 施工占地范围较大，基坑深度较大时不经济； 2. 施工时需要坑内外同时降水	适用于场地开阔、地质条件较好、无软弱地层以及地下水位较深、基坑深度较浅、无地下管线或较少的条件
钢板桩 + 内支撑	1. 质量轻、刚性好，装卸、运输、堆放方便，不易损坏； 2. 承载力高。钢材强度高，能够有效地打入坚硬土层且桩身不易损坏，且能获得极大的单桩承载力； 3. 排土量小、对邻近建（构）筑物影响小； 4. 平面布置灵活、工程质量可靠、施工速度快	1. 钢板桩接头防水问题需注意； 2. 钢板桩打拔桩振动噪声大、容易引起土体移动； 3. 影响坑内主体结构施工	适用于软土地层
钢管桩 + 内支撑	1. 承载力高，钢材强度高，能够有效地打入坚硬岩层且桩身不易损坏； 2. 排土量小、对邻近建（构）筑物影响小； 3. 工程造价低； 4. 平面布置灵活、工程质量可靠、施工工艺较简单、施工速度快	1. 打桩机具设备较复杂、振动与噪声较大； 2. 桩材保护不善，易腐蚀； 3. 影响坑内主体结构施工	广泛适用于各种地层条件
钻孔灌注桩 + 内支撑	1. 施工工艺较简单，技术较成熟； 2. 平面布置灵活； 3. 结构刚度较大，有利于周边环境的控制	1. 深大基坑，施工工序多，技术要求高，工期慢，影响坑内主体结构施工； 2. 防渗性和整体性较差，需设置止水帷幕或坑外降水	广泛适用于各种地层条件

4.5.3　基坑结构计算

对支护桩及支护结构进行结构验算，验算不同深度条件下的水平土压力、桩体抗弯强度、桩顶水平位移、支撑轴力、基坑开挖过程中地下水变化及地表隆沉等内容。

4.5.4　基坑止水

地下水对基坑具有极强的破坏能力，控制好地下水位支护是设计与施工的关键。常见基坑止水（降水）方案如表 4-2 所示。

表 4-2　基坑止水（降水）方案比较

方案	优点	缺点	适用范围
旋喷桩 + 降水井	1. 止水效果好； 2. 可进入坚硬岩层	1. 施工速度慢； 2. 造价较高	广泛适用于各种地层条件
钢板桩 + 降水井	1. 质量轻、刚性好，装卸、运输、堆放方便，不易损坏； 2. 施工简单，速度快； 3. 造价低	1. 钢板桩接头防水问题需注意； 2. 钢板桩嵌入岩层需辅助措施，影响施工速度	适用于软土地层

4.5.5　监控量测

1. 监控量测设计应遵循关键工序、关键过程、关键时间、关键部位的原则，确保监测数据及时、准确、有效。

2. 监控量测项目应根据结构设计、施工方法、支护结构参数、埋置深度、邻近建筑物与环境保护要求等因素有选择地进行。

3. 监控量测测点的布置应根据结构设计、施工方法、埋置深度、邻近建筑物与环境保护要求等因素，具体布设于邻近建筑物、地表、基坑以及地中等有利于监测项目数据采集的地方，并应考虑部分测点作为竣工后跟踪监测测点。

4.6 附属工程

4.6.1 电 气

1. 供配电系统

综合管廊应按不同电压等级电源所适用的合理供电容量和供电距离对周边电网情况充分调研，结合管廊规模和近、远期发展规划，进行技术综合比较后，选取与当地供电部门的公网供电营销原则相适应的供配电方案。既可采用由沿线城市公网分别直接引入多路电源进行供电的方案，也可以采用集中一处由城市公网提供中压电源的方案。

方案一：引入两路独立的市政高压电源

本供电方案申请两路独立的市政高压电源，采用单母线分段的配电方式，设置集中式综合管廊用 10kV 变电所。两个进线开关与母联开关不同时处于合闸状态。只有隔离手车处于工作位置时，才可以对进线断路器分、合闸操作。只有当进线隔离及计量柜内的 CT 和 PT 车处于工作位置时，进线开关才能进线分、合闸操作。计量柜 PT 手车具有防偷电功能，当 PT 手车一解锁，进线开关立即跳闸。系统构成如图 4-13 所示。

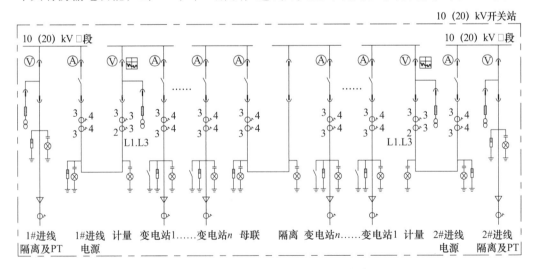

图 4-13 综合管廊 10kV 供电系统（方案一）

优点：该电源方案与市政电源接口少，申请电源简单；统一集中式计量，便于后期管廊的运营维护管理；电源供电可靠性高，管理调度灵活。

缺点：在综合管廊内增加若干回至各变电站的 10kV 线路，增加了工程造价，同时也挤压了放置 10kV 公共线路的空间。

方案二：引入多路市政高压电源

在综合管廊内设置多个变电所，每个变电所申请两路市政电源，各变电所相互独立。每个变电所设置两台 10/0.4kV 变压器，低压采用单母线分段的配电方式，两个进线开关与母联开关不同时闭合。系统构成如图 4-14 所示。

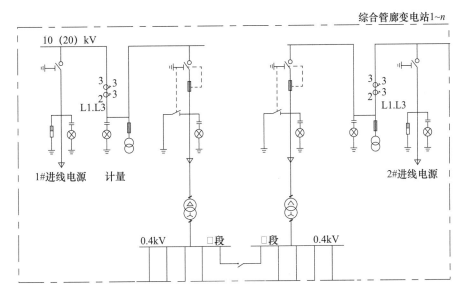

图 4-14　综合管廊 10kV 供电系统（方案二）

优点：两台变压器同时运行，提高了综合管廊电源的可靠性，且各配电单元由就近的变电站供电，减少了低压电源电缆的用量。

缺点：该电源方案与市政电源接口多，申请电源复杂；分散式计量，管廊运营维护工作量大；从缴纳变压器基本电费的角度考量，将增加管廊的运营成本。

方案三：引入一路市政高压电源

在综合管廊内设置多个变电所，每个变电所申请一路市政电源，每个变电所设置 1 台 10/0.4kV 变压器。设置区间应急电源屏 EPS（采用成套设备，单屏、单相 3kW、应急时间 90min）为区间内二级负荷配电。系统构成如图 4-15 所示。

优点：管廊周边市政电源引入困难时能解决管廊用电需求。该方案管廊前期建设一次投入成本低。

缺点：该电源方案供电可靠性相对差一些。区间应急电源屏 EPS 后期运营维护工作量大，这将增加管廊的运营成本。

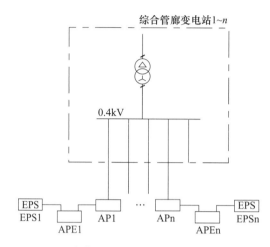

图 4-15　综合管廊 10kV 供电系统（方案三）

2. 用电设备负荷等级

综合管廊附属设备中，消防设备、监控与报警设备、应急照明设备应按现行国家标准《供配电系统设计规范》（GB 50052—2023）规定的二级负荷供电，天然气管道舱的监控与报警设备、管道紧急切断阀、事故风机也应按二级负荷供电，且宜采用两回线路供电；当采用两回线路供电有困难时，应另设备用电源。一般照明、检修插座箱等普通负荷为三级负荷（表 4-3）。

表 4-3　用电设备各类负荷分级

序号	用电负荷设备名称	负荷级别
1	排水泵	三级
2	综合舱 / 管道舱 / 电力舱事故风机	二级
3	电液逃生井盖	二级
4	一般照明	三级
5	应急照明	二级
6	检修插座箱	三级
7	监控与报警设备	二级
8	其他管道紧急切断阀	二级

3. 低压配电系统

根据《规范》要求，综合管廊附属设备低压配电系统应符合下列规定：

（1）低压配电采用交流 220V/380V 系统，接地形式应为 TN-S 制，并宜使三相负荷平衡。

（2）低压配电应以防火分区作为配电单元，各配电单元进线截面应满足该配电单元内设备同时投入使用时的用电需求。

以同一区间（根据管廊断面包含同一区间的多个防火分区）作为基本配电单元。每两个区间（或一个区间）的管廊旁设置一个 I/O 站。在每个 I/O 站内设普通动力照明配电箱，负责该区间内三级负荷的配电；同时设应急照明动力配电箱或区间应急电源屏（区间应急电源屏采用成套设备，单屏、单相 3kW、应急时间 90min），负责区间内二级负荷的配电。普通动力照明配电箱采用单电源进线。应急照明动力配电箱采用双电源进线，两路电源进线通过 ATS 自动切换。

4. 电能质量

（1）继电保护与计量

10kV 进线处采用电流速断、过流保护方式。变压器采用电流速断、过电流、温度保护。变压器低压侧总开关具有瞬时、短延时及长延时三段保护。

电能计量方式采用高压集中计量，在每台箱变高压侧设置总计量装置，且能远传数据至控制室。设备管理监控系统需对管廊内的风机、潜水泵等动力设备单独计量监测。

（2）功率因数补偿

箱变内设置集中补偿装置，补偿后的功率因数应满足供电部门要求。

（3）电压偏差

设备受电端的电压偏差，动力设备末端电压损耗不超过供电标称电压的 ±5%，照明设备末端电压损耗不超过 +5%、−10%。

（4）室外组合式箱变

室外组合式箱变 0.4kV 侧进线、主要馈电回路开关和各电气分区的低压配电箱的进线开关状态、系统电量等信号通过现场总线接口与自动化系统连接，供监控系统遥测、遥信。设置智能仪表采集电量数据，做运营内部考核的内部计量。

5. 设备控制

（1）排水泵

管廊内排水泵的配电和控制回路设于各区间的现场控制箱，设现场手动 / 现场自动控制 / 远程控制，可完成高液位开泵、超高液位报警等控制功能。排水泵的状态、液位状态可上传至 PLC。

（2）舱室风机

通风控制系统满足平时、巡检与事故通风的切换要求。平时，各电动风阀处于常开状态，非燃气舱当温度超过 40℃时，开启风机运行；巡检时，提前 0.5h 开启所需巡检区段的通风系统，当管廊内 CO_2 体积百分比浓度低于 0.01%，工作人员方可进入；当一防火单元发生火灾时，着火单元及与其相邻防火单元的所有风机、电动风阀关闭，为窒息灭火提供条件。当收到火灾熄灭信号后，打开相应单元内的通风电动风阀，风机高速运行，排除余热、烟气与灭火气体。

舱室风机的配电和控制回路设于各区间的普通照明动力配电箱内。风机设远程／现场控制，在远程控制时，可通过监控中心控制，现场控制可通过控制箱、风机按钮盒进行控制。远程控制时，自动控制信号由火灾探测器报警信号给予消防主机，再由消防主机联动端给予事故风机启动／关闭信号。风机的防火阀应与火灾报警系统联动。

6. 照明系统

考虑综合管廊设备安装、检修及运营功能，管廊内应设置照明灯具，灯具沿管廊顶板吸顶或照明线槽下安装，分为正常照明与应急照明。

（1）正常照明

管廊内设置吸顶灯作为普通照明灯具，灯具安装间距约 5m，光源为 LED，防护等级不低于 IP65。管廊内人行道上平均照度不小于 15lx，局部设备操作处照度不低于 100lx。

采用防触电保护等级为Ⅰ类的灯具，能触及的可导电部分与保护线 PE 应可靠连接。

（2）应急照明

消防应急照明和疏散指示系统供电采用电源集中控制型。在每个 I/O 站内为各自防火分区设置 A 型应急照明配电箱，该配电箱电源引自管廊消防电源专用应急回路。I/O 站及监控中心内设置备用照明。

管廊内应急照明和疏散指示灯具采用 A 型消防应急灯具，灯具电压为 24V。应急照明灯具吸顶安装，灯具安装间距约 10m。疏散指示灯具距地 0.3m 侧壁安装，间隔不大于 10m。双面型安全出口标志在逃生口旁吊装。所有消防应急灯具防护等级不低于 IP65。

管廊内应急照明开启时地面水平最低照度不低于 3lx，A 型应急照明配电箱蓄电池持续供电时间不小于 60min。I/O 站及监控中心照度不低于 200lx。

应急照明配电箱线缆采用 ZBN-YJV 电力电缆，管廊内应急照明灯具线缆采用

ZBN-RVS-2x6 型电线。

管廊内普通照明可实现手动和自动控制开关，其中手动开关可实现就地和远程。普通照明灯具的开启，均通过 PLC 控制相应回路去实现。

非火灾状态时，管廊内应急照明灯具保持熄灭状态，疏散指示灯具为节电点亮模式。若此时主电源断开时，应急照明灯具点亮的同时疏散指示灯具转为应急点亮模式。

火灾状态时，应急照明配电箱内的应急照明控制器接收火灾报警控制器发来的信号，作为应急照明点亮的触发信号，相关灯具转入相应工作模式。

应急照明控制器可以手动操作，以控制系统的应急启动。

7. 检修箱电源配电系统

考虑管廊内的设备安装及后期检修维护，管廊内设置检修插座箱，同时考虑安装检修工具的拖线长度一般不超过 30m，管廊内检修插座箱间距离不宜大于 60m；检修箱内含断路器及单相插座、三相插座各一个，插座回路应设置漏电保护装置，检修插座容量不小于 15kW，安装高度不小于 0.5m。天然气管道舱内检修插座应满足防爆要求，且应在检修环境安全的状态下送电。

8. 设备选型及安装

设备选择原则：技术先进、安全可靠、节能环保、价格合理。

（1）照明动力配电箱按组合式配电箱设计，电缆连接采用"上进上出"形式，靠墙安装，底边距地 0.2m，设备防护等级不低于 IP65。

（2）现场按钮箱、检修箱、水泵控制箱防护等级不低于 IP65，在无障碍处箱体靠墙安装，底边距地 1.2m，当有障碍物时，为箱体设置单独的支架，支架采用不锈钢。照明、风机等按钮箱设置在人员出入口处，检修插座箱安装间距不大于 60m，水泵控制箱靠近水泵设置。

（3）照明灯具采用 LED 光源灯具，需有国家认可的质量监督检测机构的正规检测报告，应急灯具需为消防认证灯具。普通灯具色温为 3000~3500K，系统光效高于 70Lm/W，显色指数 Ra＞70，防触电保护等级为 I 类。设置在管廊顶部的灯具工作电压为 AC190~260V，疏散指示照明灯具电压不大于 DC36V。LED 灯具正常工作 10000h 光衰≤5%，整灯寿命≥50000h，光衰≤20%，灯具防护等级不低于 IP65。

普通照明灯具吸顶安装，投料口、检查井、人员出入口的灯具设置按照平面布置图进行布置，标准段按约 5m 间距设置普通照明灯具，相交管廊的出入口处，灯具布置间距适当减小。A 型消防应急照明灯具吸顶安装，灯具安装间距约 10m。安全出口指示灯具在管廊内各人员进出口处安装。通风口下层在防火门两侧采用单面显示型，安装高度防火门上 0.1m；在检查井、交叉口、人孔处，安全出口指示灯采用双面显示型，且吊装。应急疏散指示灯具设置高度底边距地 0.5m，间隔不大于 10m。

（4）管廊区间照明动力配电箱安装于 I/O 站内，安装高度箱底距地 0.2m。

（5）消防设备、防爆设备外壳上应设专用标志。

9. 电缆选择及敷设

（1）管廊舱内设置动力电缆桥架和控制电缆桥架。桥架采用热镀锌钢板材质，钢材选择不应低于 Q235 钢，钢板厚度应按《电缆桥架》（QB/T 1453—2003）中相关要求，热浸镀锌层 ≥ 55μm。电缆桥架外涂防火涂料。不同电压等级的电缆在同一层桥架上敷设时，应使用隔板分开。桥架间的连接处应有良好的电气跨接。

（2）普通照明动力电缆采用阻燃型电缆，应急照明动力电缆采用阻燃耐火型电缆，耐火等级均为 B 级。

（3）管廊舱内低压电缆、控制电缆、一般照明电缆在自用桥架内敷设，出桥架穿热镀锌钢管沿墙壁、顶板明敷。应急照明配线在自用桥架（外涂防火涂料）内敷设，出桥架穿热镀锌钢管沿墙壁、顶板暗敷，暗敷厚度大于 30mm；当现场不具备暗敷条件时，可采用明敷，但穿线钢管应涂防火涂料。

（4）电缆穿越隔墙、预留孔洞处应填防火堵料封堵。穿线管、桥架结构过变形缝时应作伸缩处理，电缆过变形缝时应留有余量。

（5）电缆由室外进入管廊或由 I/O 站进入管廊处时采用可移除芯层的穿线模块，要求做到防渗漏和气密性，可反复拆卸，并具有阻燃性能。

10. 综合管廊接地

考虑管廊内大量电缆及各种管线，为管廊运行安全，应有可靠的接地系统。根据《城市综合管廊工程技术规范》（GB 50838—2015）规定：

（1）综合管廊作为地下构筑物，无需设置防直击雷措施。地面上建筑物按《规范》要求设置防直击雷保护。

（2）综合管廊接地在各段交叉点、引出段、过渡段等处均应将管廊内接地干线相互焊接连通构成接地总网。

（3）综合管廊工作接地和保护接地采用联合接地体，接地电阻不大于 1Ω，利用管沟外壁预留接地板增设人工接地体，做法详见国标图集 17GL602。

（4）接地体利用综合管廊结构靠外壁的主钢筋作自然接地体，用于接地的钢筋应满足如下要求：用于接地的钢筋应采用焊接连接，保证电气通路。钢筋连接段长度应不小于 6 倍钢筋直径，双面焊接。钢筋交叉连接应采用不小于 φ10 的圆钢或钢筋搭接，搭接连接段长度应不小于其中较大截面钢筋直径的 6 倍，双面焊接。纵向钢筋接地干线设于板壁交叉处，每处选两根不小于 φ16（或者 3 根 φ14）的通长主钢筋。横向钢筋环接地均压带纵向每 5m 设置一档，在距变形缝 0.35m 处需设一档。

（5）综合管廊过结构变形缝时，应将两侧预埋连接板跨接，保证电气通路，做法详见国标图集 15D502。

（6）管廊接地干线采用热镀锌扁钢—50X5 沿管廊侧壁上方通长敷设，并与侧壁上方预埋的热镀锌接地钢板焊接；设置电缆支架处接地干线可焊接在支架立柱上端。管廊侧壁上、下方预埋的热镀锌接地钢板间采用—50X5 热镀锌扁钢焊接，每处预埋的热镀锌接地钢板间通过管廊内主钢筋可靠连接。舱内两侧接地干线每 30m 跨接连接一次。

（7）在组合式箱变及各 I/O 站设置等电位端子箱，通过 2 根 YJV-1kV-1×35 电缆连接于管廊接地干线。组合式箱变变压器中性点必须做接地保护，采用—50X5 热镀锌扁钢接入总接地系统。

（8）综合管廊所有用电设备不带电金属外壳、桥架、支架、风机外壳及基础、金属线槽、金属管道、金属构件、电源进线 PE 线等均应妥善接地。接地连接均采用放热焊接，焊接处应做防腐处理。接地连接线采用热镀锌扁钢—50X5。

（9）敷设于管廊的高压及超高压电缆的接地需电力电缆设计单位另行校验热稳定性后方能接至接地系统。

11. 电气抗震设计

根据《建筑机电工程抗震设计规范》（GB 50981—2014）做相应的设计。地震时应保证正常人流疏散所需的应急照明及相关设备的供电，同时保证火灾自动报警及联动系统的正常工作，保证通信设备电源的供给，使其正常工作。

（1）设备安装

配电箱（柜）、弱电设备的安装螺栓或焊接强度满足抗震要求；配电箱（柜）面上的仪表与柜体组装牢固；靠墙安装的配电柜、弱电设备机柜底部安装牢固。当底部安装螺栓或焊接强度不够时，将顶部与墙壁进行连接；当配电柜、通信设备柜等非靠墙落地安装时，根部采用金属膨胀螺栓或焊接的固定方式，将几个柜在中心位置以上连成整体；壁式安装的配电箱与墙壁之间采用金属膨胀螺栓连接；配电箱（柜）、弱电设备机柜内的元器件考虑与支承结构间的相互作用，元器件之间采用软连接，接线处做抗震处理。设在水平操作面上的消防、弱电设备采取防止滑动措施。

（2）导体选择与线路敷设

配电导体采用电缆或电线。在电缆桥架、电缆槽盒内敷设的缆线在引进、引出和转弯处的长度上留有余量，接地线采取防止地震时被切断的措施。

线缆穿管敷设时采用弹性和延性较好的管材。

引入管廊内的电气管路敷设时在进口处采用挠性线管或采取其他抗震措施；穿墙

套管与引入管之间的间隙采用柔性防腐、防水材料密封。当线路采用金属导管、刚性塑料导管、电缆梯架或电缆槽盒敷设时，使用刚性托架或支架固定，或使用横向防晃吊架；当金属导管、刚性塑料导管、电缆梯架或电缆槽盒穿越防火分区时，其缝隙采用柔性防火封堵材料封堵，并在贯穿部位附近设置抗震支撑；金属导管、刚性塑料导管的直线段部分每隔 30m 设置伸缩节。

4.6.2　监控报警

1. 监控报警系统的范围

综合管廊一般含设备与环境监控系统、火灾自动报警系统、视频监控系统、入侵报警系统、电子巡查系统、固定语音通信系统、无线通信系统、出入口控制系统、供配电与接地系统等。若有燃气舱室，需设置可燃气体报警系统。

各系统都应在综合管廊管理平台中集成。火灾自动报警系统信号接入消防控制室，消防控制室可与监控中心合用。

2. 监控系统的网络架构

综合管廊内的 I/O 站内设置接入层交换机，将环控、安防、通信等设备采用环网拓扑接入汇聚交换机，由汇聚交换机上传至监控中心，核心交换机可采用双机冗余，以提高其可靠性。接入层至汇聚层、核心交换机的数据传输均为光纤，配备光端口。火灾报警网络采用星型拓扑与监控中心消防控制室直连。有线电话通信宜自成网络系统。

3. 设备与环境监控系统

（1）系统形式及设计要求

1）设备与环境监控系统（以下简称环控）由中央层、现场控制层和设备层组成，设备层位于综合管廊内，控制层和中央层设备的设置应结合综合管廊分布、规模及 I/O 站布局，合理确定在管廊内或管廊监控中心内。

2）现场控制层使用控制器对设备进行控制，可在每个 I/O 站内设置 1 台 PLC，设备须符合《可编程序控制器 第 1 部分：通用信息》（GB/T 15969.1—2007）的相关要求。

3）设备层由现场仪表、附属设备、控制箱等组成，主要有气体检测仪表、水位检测仪表、设备控制回路等。

（2）系统设计

1）各舱室实现对温湿度、各种气体的监测。其中对温湿度和气体浓度的监测信号，应能实时反馈至 PLC，通过设定程序对风机等进行控制，同时数据上传至监控中心，对相应信号做出报警。所有传感器均为工业级产品。

2）温湿度探测器、氧气探测器设置在舱室防火分区中部，当支廊与主廊合并为一处防火分区时，支廊需单独设置。温湿度探测器、氧气探测器安装高度距地 1.6m。

3）在设置潜污泵的集水坑内设置浮球液位开关，作为水泵的启停、报警信号。浮球液位开关随水泵成套，其液位信号需要单独上传管廊监控平台。

4）各传感器对其他系统的联动通过 PLC 或监控中心实现。传感器联动照明、风机等信号通过 PLC 处理的，使用 PLC 实现；传感器联动其他系统，例如安防、消防系统，需要通过监控中心进行。

（3）系统功能

1）系统对附属设施控制方式采用就地手动、就地自动和远程控制，并以就地手动控制为最高优先级。

2）对通风系统的监控应符合以下要求：对通风机电源状态、运行状态、故障信号进行监测；正常工况下，当管廊内无人员时，管廊内通风系统应根据管廊内外温湿度的情况、管线正常运行所需环境温度限制要求进行控制；人员进入管廊前或管廊内有人员时，若管廊内氧气含量低于 19.5%（V/V），启动通风设备，直至氧气含量恢复至正常值。

3）照明系统应符合以下要求：对照明系统的电源状态、开关状态信号进行监测；人员在巡检、应急处置时可以通过远程控制照明灯具；安防系统可以通过管廊监控平台对照明设备进行控制。

4）排水系统应符合以下要求：对排水泵运行状态、故障信号进行监测，并应根据集水坑水位高低自动控制排水泵的启停。

5）对管廊自用供配电系统的监测应符合以下要求：对箱变低压侧、管廊 I/O 站内配电箱的总开关、馈线开关的状态信号进行监测，同时监测各回路的电流、电压、电量、失压、过电流等信号；对 UPS 电源的运行状态及故障报警信号进行监测；对消防类用电设备的配电箱，例如应急配电箱或 EPS 电源等设置消防电源监控装置，对其运行状态和故障进行监测。

4. 火灾自动报警系统

（1）设计原则

在有电力电缆的舱室设置火灾自动报警系统。结合综合管廊规模合理确定火灾自动报警系统的形式，一般采用集中报警系统。

（2）系统组成

系统组成如下：火灾自动报警系统、消防联动控制系统、电气火灾监控系统、防火门监控系统、消防电源监控系统、消防应急照明及疏散指示系统等。

（3）消防控制室

1）集中报警系统应设置消防控制室。消防控制室宜与综合管廊监控中心合用，消防控制室内设置消防图形显示装置、消防联动盘等设备。

2）报警控制设备包括火灾报警控制器、消防联动控制器、消防专用电话总机、消防电源监控器等或具有相应功能的组合设备。

3）消防主机可接收感烟探测器、感温探测器、感温电缆的火灾报警信号，手动报警按钮、超细干粉启动的动作信号。

（4）火灾自动报警系统

1）消防报警系统可采用二总线报警系统，消防自动报警系统的主报警回路为环形结构，任一点断线后，信号能通过另一侧继续传输，不影响系统报警。

2）管廊以防火分区作为报警区域，每台火灾报警控制保护的综合管廊舱室的区域半径不超过1000m。系统总线上设置总线短路隔离器，每只总线短路隔离器保护的火灾探测器、手动火灾报警按钮和模块等消防设备的总数不应超过32点；火灾报警控制器所连接的火灾探测器、手动火灾报警按钮和模块等设备总数和地址总数不超过3200点，其中每一总线回路连接设备的总数不超过200点，且留有不少于额定容量10%的余量；消防联动控制器地址总数不超过1600点，每一联动总线回路连接设备的总数不超过100点，且留有不少于额定容量10%的余量。

3）在舱室顶部设置点型感烟探测器和点型感温探测器。设防范围间距应满足《规范》要求，与灯具的水平净距应大于0.2m；与送、排风口边的水平净距应大于1.5m；与墙或其他遮挡物的距离应大于0.5m。

4）在管廊内设手动报警按钮及声光报警器，要求布置在防火门、人员出入口、逃生口处，每个防火分区不少于2套。报警按钮无法靠墙安装时，应采用支架安装在非强电侧，声光报警器吸顶安装。

5）在每层电力电缆上设置线型感温电缆，每200m一套，每套配1只线型感温电缆模块，作为电力电缆的火灾报警设备，其信号上传至电气火灾监控主机。

（5）消防联动控制

1）自动灭火系统控制应由同一防火分区任意一只感烟火灾探测器与任意一只感温光纤的报警信号，或一只手动报警按钮与任意一只感温光纤的报警信号，作为自动灭火系统的联动触发信号，由超细干粉灭火控制器或消防联动控制器控制自动灭火系统的启动。

消防控制室应能手动启动自动灭火系统，启动由火灾系统总线进行远程控制。

2）其他系统的联动控制应由同一报警区域任意两只火灾探测器组合信号或任意一

只火灾探测器和手动报警按钮的组合信号，作为联动触发信号，由消防联动控制器执行以下联动控制：关闭着火分区及同舱室相邻防火分区通风机及防火阀；启动着火分区和同舱室相邻分区及其进入共用出入口防火门外侧的火灾声光报警器；启动着火分区及同舱室相邻防火分区的应急照明及疏散指示标志，并关闭火灾确认防火分区防火门外上方的安全出口标志灯。

3）同一防火分区任一只火灾探测器或手动报警按钮的报警信号，作为向安防系统视频监控摄像机发出的联动触发信号。

4）消防时应切断火灾及其相邻两个区域的非消防电源负荷。

5. 视频监控系统

（1）综合管廊视频安防监控系统应采用数字化技术。

（2）综合管廊内沿线舱室、设备集中安装处或现场设备间、人员出入口、变配电间及监控中心控制区、设备区等场所应设置摄像机。综合管廊沿线舱室内摄像机设置间距不应大于100m，且每个防火分区不应少于1台。

（3）视频图像记录应选用数字存储设备，单路图像的存储分辨率不应小于1280×720像素，存储记录时间不应小于30d。

（4）视频图像记录应根据安全管理的要求、视频系统的规模、网络的带宽状况等，选择集中式存储或集中式存储与分布式存储相结合的记录方式。

（5）由报警信号联动触发的视频图像应存储在监控中心，且严禁被系统自动覆盖。

（6）视频图像显示宜采用轮循显示、报警画面自动弹出相结合的方式。单路监视图像的最低水平分辨率不应低于600线。显示设备的配置数量应满足现场摄像机数量和管理使用的要求，并应合理确定视频输入、输出的配比关系。

（7）视频安防监控系统宜具有视频移动侦测功能，并应提供移动侦测报警。

6. 入侵报警系统

对综合管廊有人员非法入侵风险的部位，应设置入侵报警探测装置和声光警报器。入侵报警系统应根据综合管廊的规模，采用分线制模式、总线制模式、网络制模式或多种制式组合模式。网络制模式的传输网络宜利用安防专用网络。入侵报警控制主机应设置在监控中心，并应具有分区远程布防、远程撤防、远程报警复位等功能。

7. 电子巡查系统

管廊电子巡查系统可采用离线式电子巡更，在管廊内每个舱室设置巡更点，巡查人员通过巡检器对管廊各舱室定点巡查，巡查完毕后通过监控中心集中控制平台内巡更系统管理软件进行记录、整理及打印。

综合管廊内宜在下列场所设置巡查点：综合管廊人员出入口、逃生口、吊装口、通风口、管线分支口；综合管廊重要附属设备安装处；管道上阀门安装处；电力电缆接头区；其他需要重点巡查的部位。

8. 固定语音通信系统

固定语音通信系统应由安装在监控中心的通信控制设备、安装在综合管廊现场的固定语音通信终端设备及沟通两者的传输链路组成，宜设置录音装置。系统应具有综合管廊现场固定语音通信终端与监控中心通信、监控中心对综合管廊现场固定语音通信终端呼叫、与综合管廊外公共通信网络通信的功能。

监控中心、变配电所、设备间、其他重要设备用房应设置固定语音通信终端；综合管廊各舱室内应设置固定语音通信终端，通信终端间距不宜大于 100m，且每个防火分区不应少于 1 台；固定语音通信终端底边距地坪高度宜为 1.4~1.6m，且不应被其他管线和设备遮挡。

9. 无线通信系统

无线通信系统宜由安装在监控中心的通信控制设备、安装在综合管廊现场的无线信号发射接收装置及沟通两者的传输链路、移动终端等设备组成。无线通信系统应支持语音通信，并具有选呼、组呼、全呼、紧急呼叫、呼叫优先等调度通信功能。

无线通信系统可以传输数据，满足基于 2.4GHz 或 5GHz 的 WIFI 的数据通信。

无线通信系统应根据系统功能、现场环境状况，选择天线形式、位置和输出功率。

无线通信系统设计应符合现行国家标准《电磁环境控制限值》（GB 8702—2014）的有关规定。

10. 出入口控制系统

在管廊人员出入口和 I/O 站地面入口设置门禁作为出入口控制系统，管廊逃生口不设置门禁；门禁系统需要对人员出入口非正常开启、出入口长时间不关闭、通信中断、设备故障等非正常情况实时报警；防火门设置门禁系统的，在发生火灾时，火灾报警系统应给门禁控制器信号，使其门磁失电，以保证火灾时人员的逃生。

11. 管廊供配电与系统接地

设备与环境监控系统、安防系统、通信系统应由 UPS 供电，并由单独回路供电。UPS 应设置自动和手动旁路装置，持续供电时间不小于 60min。火灾自动报警系统主机自配 UPS，持续供电时间不小于 180min。

弱电与强电采用综合接地系统，接地电阻不大于 1Ω。

弱电设备的金属外壳应与接地干线连接，做法详见《民用建筑电气设计与施工防雷与接地图集》（08D800-8）。

12. 管廊设备安装与电缆敷设

舱室内监控报警设备应满足地下潮湿及腐蚀环境的使用要求，直接放置于舱室或I/O 站内的设备防护等级不低于 IP65。

监控与报警系统的线缆穿桥架或穿热镀锌钢管（G）明敷设，保护管和桥架及其安装附件应满足防腐及抗冲击要求。

所有设备的配电、控制、通信等线路，应采用 B 级阻燃线缆，消防类线缆应采用 B 级阻燃耐火线缆，并应在敷设线路上采取防火保护措施。

4.6.3 通 风

1. 综合管廊新型通风方式

通常综合管廊每隔 200m 采用不燃性墙体进行防火分隔。在每个防火墙两侧设通风口，满足综合管廊两侧防火分区"一侧进风，一侧排风"的要求。因此，按照常规做法每隔不到 200m 就需设出地面风井，过多的地面风井会对地面景观造成负面影响。

在满足国家标准的基础上，从工程实际出发，增加通风区间长度，减少出地面风井数量。先后在仙山路、安顺路等多个管廊项目上对管廊通风方式进行创新。在综合管廊两个或多个防火分区的防火门采用常开防火门，将两个或多个防火分区作为一个通风区间，这样通风区间长度是常规长度的数倍。正常工况下一个通风区间内的防火门采用常开防火门，各防火区间连通起来，气流可以从一端送风井进入，从另外一端排风井排出；事故工况下当综合管廊发生火灾时，常开防火门关闭，通风系统关闭，待火灾扑灭后，进、排风口及防火门打开，开启风机对管廊内部进行强制通风（图 4-16）。

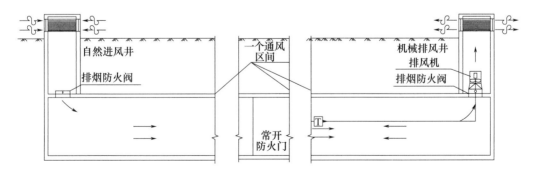

图 4-16 综合管廊新型通风方式系统原理

2. 综合管廊除湿

随着我国各主要城市快速推进综合管廊建设，综合管廊侧壁内表面结露成为共性问题。根据目前在建和已建成的综合管廊工程运行调查中发现，沿海高湿热气候和夏季长江中下游地区的综合管廊舱室往往比较潮，墙壁、桥架及管道外壁结露严重，开起通风机后，非但除湿效果不佳，反而造成空气雾化现象加剧，管廊内能见度降低，不利于运维人员巡视检修。综合管廊内长期结露也容易造成桥架、设备等锈蚀，影响其使用寿命，并且会影响管廊结构的耐久性。沿海高湿热气候和夏季长江中下游地区的综合管廊夏季通风起雾、管廊结露是目前管廊设计时亟待解决的问题。

（1）结露产生的机理

平时的"空气"实际是由干空气和一定量的水蒸气混合而成的，我们称其为湿空气。在湿空气中，水蒸气的含量虽少，但其变化却对空气环境的干燥和潮湿程度产生重要影响。结露是指随着空气温度的逐渐下降，湿空气的相对湿度会逐渐升高直至达到饱和状态，若空气温度继续下降，将会有过饱和的水蒸气从湿空气中凝结出来。

（2）综合管廊结露的原因分析

由结露产生的机理可知，当一定状态的湿空气与某物体表面接触时，若物体表面的温度低于湿空气的露点温度，则会产生结露现象。反之，若物体表面温度大于或等于湿空气的露点温度，则不会产生结露现象。因此，湿空气的露点温度是判断是否结露的主要依据。

综合管廊内发生结露现象的主要原因是管廊内空气中水蒸气含量过大，露点温度大于管廊内四周墙壁的壁面温度和管廊内物体的表面温度。导致管廊内空气中水蒸气含量增大的原因，主要有：不合理的通风换气，将管廊外含湿量较大的空气引入管廊内；管廊本体防水处理不当，导致管廊外的水通过变形缝等渗入管廊内部，水蒸发后进入管廊内空气中；管廊内排水明沟坡度设置不当，无法将管道检修等泄水排至集水坑及时排走，从而导致地面长期积水，水蒸发后进入管廊内空气中。

（3）综合管廊防结露主要措施

通过分析结露产生的机理，发现防止结露现象发生的主要措施可以从两个方面入手：一是提高物体表面的温度，通过保温措施增加冷管道、设备、墙体等与空气接触的外表面温度；提高室内空气温度，从而相应提高室内物体表面的温度；增加管道电伴热等措施，使其高于空气的露点温度。二是降低空气的露点温度，通过除湿机、除湿剂等除去空气中的水分，使其含湿量降低，同时降低其露点温度；当室外空气的含湿量较低时，尽量用含湿量较低的室外空气置换含湿量较高的室内空气，从而达到除湿的目的。

从工程可实施性来考虑，综合管廊防结露可采用合理通风换气。

不合理的通风换气，将管廊外含湿量较大的空气引入管廊内，从而增加管廊内空气的含湿量；相反地，如果合理地组织通风换气，通入室外干燥的空气置换管廊内潮湿的空气，则可降低管廊内空气的含湿量，从而达到除湿的目的。因此，合理组织通风换气是综合管廊防结露的关键，也是成本最低的一种。

综合管廊内一般设有温度、湿度等环境参数检测仪表。现场运行维护人员需要通过综合管廊内外的温/湿度传感器，得到管廊内外环境空气的含湿量及露点温度，并进行对比分析，确定基于防结露的综合管廊通风系统控制模式：

1）当室外环境空气的含湿量高于管廊内空气的含湿量时，不宜通风，若此时通风，不但不能降低反而会增加管廊内空气的含湿量。

2）当室外环境空气的含湿量低于管廊内空气的含湿量时开启通风设备，不但不会产生结露现象，而且通过通风系统的作用以含湿量较低的室外空气置换含湿量较高的室内空气，可以达到为管廊内除湿的目的。

因此，综合管廊平时通风应结合管廊内外空气状态参数，特别是含湿量及露点温度，通过对比分析，确定合理运行。平时在不利的管廊内外环境空气状态参数下，除特殊情况必须通风外，应尽可能避免通风换气；在管廊内空气含湿量较大且管廊外空气较干燥的时间段，要充分利用通风系统对其进行通风换气，以达到降低管廊内空气湿度的目的。

4.6.4 消 防

悬挂式超细干粉灭火装置用丝杆固定于防护区顶部，安装过程注意保护喷头上的感温元件及启动器，压力表朝向便于观察的方向。

超细干粉灭火装置的布置位置应结合保护对象的几何特征等因素，合理布置在保护对象的顶部或侧面。在空间条件满足的情况下，优先考虑顶端和侧端，交替敷设，确保灭火装置喷射时能均匀覆盖保护物。

消防紧急启动按钮安装于入口或便于启动灭火装置的地方，安装高度为底边距地 1.5m。

气体灭火控制器分别放在管廊分区的两端，便于从任何一端介入都能对防火分区内的设备进行控制。

声光报警器安装于防护区门口便于操作和观察的地方；气体灭火控制器/火灾报警控制器、24V 电源置于消防控制室或每层便于控制灭火装置的地方。

悬挂式灭火装置启动方式分为三种，分别为电控自动启动、电控手动启动、定温启动。电控自动启动是将与灭火装置相连接的气体灭火装置设置于"自动"位置时，灭火装置处于自动控制状态。防护区发生火灾，气体灭火控制盘接收到两个独立的火灾信号后发出声光报警信号，延时至设定的时间后启动灭火装置，释放超细干粉灭火剂灭火。信号反馈器向火灾报警控制器反馈灭火剂释放信号，防护区粉剂喷洒指示灯亮，并启动相应的联动设备。电控手动启动是防护区发生火灾时按下每个防护区门口（或气体灭火控制盘上）的启动按钮，可启动灭火装置灭火，火灾声光报警器发出声光报警信号，灭火剂喷洒指示灯显亮，并开启相应联动设备。定温启动是防护区发生火灾，使环境温度上升至火灾装置设定的公称动作温度（设定68℃）时，无论火灾报警控制器是否动作，灭火装置也自动启动释放超细干粉灭火剂灭火。由专用模块向气体灭火控制盘反馈火灾启动信号，由气体灭火控制盘完成规定的报警、联动动作。

4.6.5 管廊排水

排水沟根据布置方式可分为单侧布置、双侧布置和中间布置三种形式，排水沟宽宜为200~300mm，深宜为50~100mm，在管廊本体实施完成后通过后浇混凝土制作。

集水坑布置位置可选择在管廊一侧布置、中间布置和管廊局部加宽布置三种形式。管廊内每个防火分区，作为一个独立的区域设置排水系统。若该防火分区为"一"字坡，则在标高低的一端设集水坑；若该防火分区为"V"字坡，则在中间的最低点设集水坑；若该防火分区为倒"V"字坡，则在防火分区两端设集水坑。若一个排水分区内有多个分水岭，则此分区内应设置多套排水系统。

集水坑内设一台潜污泵，集水坑池底应有不小于1%的坡度坡向潜水排污泵吸水口。潜污泵电源由管廊内供配电系统提供，运行由集水井内液位自动控制，液位自动控制装置优先选用浮球开关式，应尽可能远离进水口。液位控制器设开泵、停泵、报警三个液位信号。集水坑盖板根据需要可选用图集所示预制钢筋混凝土盖板，也可选用满足要求的钢盖板。

排污泵可采用软管移动式安装（单泵）、硬管固定式安装（单泵、双泵）和带自动耦合装置固定式安装（单泵、双泵）三种形式。软管移动式安装、硬管固定式安装方式结构简单，但检修维护不方便；带自动耦合装置固定式安装方式检修维护方便。

综合管廊内给水排水系统运行维护及安全管理对象应包括给水排水管道及其附属阀件、水泵和仪表等。

排水系统的日常运行功能应符合下列规定：综合管廊内集水坑中水泵的启停水位、报警水位的监测功能应正常；综合管廊内水泵手动或自动状态监视、启停控制、运行状态显示、故障报警等功能应正常。

给水排水系统巡检每月不应少于1次，汛期、供热期应增加巡检频次。

为了保证综合管廊的使用寿命、投入运营后管廊的舒适性，结构的防水非常重要，尤其是地下水位整体偏高的地区。因此，在综合管廊设计过程中，各种管线包括附属设施的管线进出综合管廊时，要尽量避免从综合管廊的结构本体穿越，特别是要注意禁止从综合管廊结构本体顶板上开洞进出。

天然气舱的排水系统压力出水管必须独立出线直至污废水收纳点，以保证天然气舱的物理独立性。除天然气舱以外的其他舱室的排水系统压力出水管穿出管廊后，可以合并成一根管道排放，但是考虑污水舱室内管道检修、滴漏产生的污水会有异味、毒性，可能会通过压力出水管窜至其他舱室内，为安全舒适考虑，建议污水舱室内排水系统压力出水管也独立出线直至污废水收纳点。

管廊排水系统主要排除结构渗漏水、管道检修放空水。水信舱、电力舱、热力舱、天然气舱、雨水舱等舱室的排水可直接排至附近的雨水口或雨水检查井内。污水（管道）舱室的排水由于在管道检修时需要排放管道内残存的污水，原则上应该排至下游的污水管道中。压力出水管出口接至雨水口、检查井时，要保证尽可能高于接纳设施内排水管道的管顶高程，以避免雨水口、检查井内的外水倒灌。

4.7 出地面附属设施装饰

目前大部分城市综合管廊出地面设施均采用功能有限路径，其中，为保障地下综合管廊内部的正空气流通需要及内部设备管线的散热需求等因素，通风口的数量设置一般间隔200~400m不等，在城市综合管廊的配套出地面建筑物中，通风口的数量和体量不容忽视，对周围环境的影响甚至对整个城市街道的景观影响尤为明显。随着国家对城市高质量建设发展的要求，市政基础设施工程精细化设计和管理要求也不断提升，综合管廊通风口设施开始强调与城市景观风貌的融合，要求最大限度减少其对城市景观的影响。

1. 通风口尺寸的协调

管廊通风口（图 4-17）一般有两种形式及标准尺寸，其中独立设置的常规尺寸为 $L \times B \times H = 2.5m \times 2.5m \times 1.4m$，组合设置的常规尺寸为 $L \times B \times H = 5m \times 2.5m \times 1.4m$。

图 4-17　管廊通风口常见形式

2. 通风口景观处理原则

在综合管廊设计中，通常将通风口布置在道路的分隔绿化带或者道路绿线内，部分单独设置在人行道或城市广场中。因其具有变化多样的体型和外观，在绿地中对视觉感的破坏也随着高度和体量的变化而变化，在对其进行景观处理时应遵循以下原则：

（1）功能优先：通风口外立面装饰不能妨碍通风口的防暴雨功能、通风功能及运行维护操作。

（2）风貌协调：外立面装饰效果与景观周边环境协调，其造型、比例、色彩等尽量与周边景观相一致，与城市风格协调统一，塑造高品质的景观环境，体现城市之美。

（3）生态节约：对管廊通风口设施的景观处理应根据管廊外观、地理位置及所处环境因地制宜选择合适的美化方式，使用材料不应对环境产生破坏，应具有一定的耐用持久性。同时，景观处理方式应可复制、可推广，快速推动城市管廊精细化管理向高质量发展。

3. 通风口外立面美化

对通风口设施较为直接的景观美化方式为外立面的粉刷及装饰，其主要形式有三种：

（1）通风口美化采用城市地标性文化或建筑剪影进行彩绘，与周边环境相融合，满足不同使用要求，同时起到一定的城市宣传作用。

（2）当通风口位于商业区或者城市广场，周边无绿化遮挡，可选用金属格栅进行外立面遮罩，使其富有科技与现代感（图4-18）。

（3）当通风口位于城市绿地中或者高架桥下，可选用混凝土印刻工艺，在管廊通风口混凝土表面印刻地标性建筑剪影（图4-19）。

图4-18　金属格栅外立面

图4-19　混凝土表面

4.通风口周边景观装饰及遮挡

（1）景观结合设计

当通风口建筑物所在区域已存在景观小品或景观广场等建（构）筑物，可以将通风口与已存在的景观小品或者广场等结合设计（图4-20），如通过对风井的细化设计，将出地面通风口与休憩座椅相结合，把风井百叶设置在座椅的侧面隐蔽位置，将通风口作为景观载体巧妙隐藏于城市景观环境中。

图4-20　通风口与城市景观小品结合

（2）景观独立设计

当通风口设施所在区域周边无景观小品等建（构）筑物，且出地面通风设施体量较大时可考虑将其单独设计为独立主体的景观建（构）筑物，使其成为一个场所的亮点，这往往也能达到其与场地的和谐，并形成新颖的效果（图 4-21）。

图 4-21 通风口外立面装饰独立设计

（3）绿化遮挡设计

当通风口所在区域是大面积绿化植被带，可考虑将通风口以垂直绿化设计或者绿化栽植等方式使其"隐藏"在绿化带中，并成为其中一部分（图 4-22）。通过垂直绿化可以在立面上形成立体视觉屏障，有效隐藏通风口建筑。

图 4-22 通风口垂直绿化

5

BIM 技术应用

5.1 BIM 概念及在综合管廊工程中的应用

5.1.1 BIM 概念及常用软件

（1）BIM 的概念

BIM（Building Information Modeling，建筑信息模型）是指在项目全生命周期或各阶段创建、维护及应用建筑信息模型进行项目计划、决策、设计、建造、运营等的过程。BIM 技术是一种先进的管理模式，我们不能简单将 BIM 技术理解为一种软件或一种模型。

BIM 以三维模型为基础，囊括所有构件或元素的物理、功能、行为等全生命周期内全部信息，形成数据库；BIM 强调模型的数字化、参数化，要求支持各阶段、各参与方的协同交流，信息共享，提高工作效率，从而提高工程质量、降低工程成本等。BIM 的概念是近年来出现并引领建筑数字技术走向更高层次的一项新技术，是继"图板转变为二维计算机绘图"之后的又一次建筑业设计技术手段的革命，已经成为工程建设领域的热点。由于 BIM 可以提高整个工程各个环节的质量和效率，因此将其应用到地下综合管廊后可以将抽象的和专业的二维建筑模型以三维的形象直观地展示在专业和非专业人员的面前，从而更加准确快速地做出相应的工程决策。

（2）BIM 常用软件

随着 BIM 技术的推行和发展，无论是 BIM 模型的创建，还是信息的更新、交互、汇总，都是需要通过 BIM 软件实现的。BIM 相关的软件种类繁多，各有所长。各大应用开发商所开发的软件涉及建设工程的各个阶段。BIM 技术的核心建模软件主要承担项目的基础建模。目前，在国内外应用比较广泛的 BIM 技术核心建模软件主要有五类，分别是 Autodesk 公司的 Revit 系列、Nemetschek 公司的 ArchiCAD、Bentley 公司的 Bentley 系列、Dassault 公司的 CATIA 以及 Tekla 公司的 Xsteel。

管廊工艺设计主要应用软件为 Revit，在可视化方面可将复杂问题简单化，隐蔽问题表面化。在管廊工艺设计过程中将其参数化，便于更加关注模型整体性。操作性方面实现强关联性，操作高效，对后期改图、出图提高效率明显。模型对应图纸，可有效规避人为疏漏。平、立、剖双向关联，构件仅需绘制一次，避免重复作业和低级错误。碰撞检查，暴露缺陷，避免疏漏。缺陷发现在图纸中而不是项目建设中。管廊工艺设计软件具有信息化模型效率的优势。设计人员可以更多地关注设计本身，图纸作为末端产品自动随设计而改变。

管线设计主要应用软件为"管立得"，鸿业三维智能管线设计系统包括综合管廊、给排水、燃气、热力、电力、电信、管线综合设计模块。该软件可以做到地形图识别、管线平面智能设计、竖向可视化设计；平面、纵断、标注、表格联动更新；管线三维成果可进行三维合成和碰撞检查，实现三维漫游等效果。

结构设计主要应用软件有 Revit、桥梁博士。使用 Revit 软件对管廊结构进行建模，可实现三维可视化，其他附属专业包括道路专业主要应用软件为"鸿业路立得"。鸿业路立得（Roadleader）旨在为设计人员提供完整的智能化、自动化、三维化解决方案。该软件基于 BIM 理念，以 BIM 信息为核心，实现所见即所得、模拟、优化以及不同专业间的协调功能，同时拥有完整属性的整体对象，可以提供精确的工程算量数据。

5.1.2 BIM 技术应用的必要性

1. 城市综合管廊建设中存在的问题

城市综合管廊的建设涉及规划单位、设计单位、施工单位、后期运营单位以及政府主管部门，是一项复杂的市政工程，需要各参建单位之间相互沟通、相互协作共同完成。目前综合管廊在建设中面临以下问题：

（1）城市综合管廊的设计多采用传统的二维 CAD 设计模式，尽管能够将建筑模型直观呈现出来，但需要专业人员才可以读懂，难以将设计思路清晰地传递给业主及施工人员，造成信息传递的障碍。

（2）二维设计的过程中不能够对施工过程进行模拟，进而不能得到最优的设计方案，从而导致设计变更，增加工作量，延长建设周期及工程材料的浪费。

（3）在综合管廊的建设过程中，不同专业之间需要相互交叉作业，当采用二维设计模式时，项目的信息不能得到及时的共享与交流，这将会严重影响建设生产的效率，导致工程的质量下降。

（4）在对综合管廊的后期运营阶段进行管理时，项目信息不能够形成统一有效的管理，存在数据信息的缺失或不完整等问题，不利于问题的及时解决。

2. BIM 在综合管廊建设中的应用优势

在综合管廊的建设过程中，其设计要求高，功能多样，需要综合考虑管线设计、防火设计、通道设计、照明设计等多种因素。通过对 Revit 软件的应用研究，将 Revit 软件运用到综合管廊项目的建设中具有以下几个明显的优势：

（1）综合管廊工艺通过 Revit 建模实现三维可视化设计，实现出线井等复杂节点的设计，同时实现专业之间碰撞检查、设计标准碰撞检查、附属设施碰撞检查。模型与二维图纸联动，实现精准统计各工程量，三维模型转化为二维图纸，图纸作为末端产品自动随设计而改变。管廊节点采用二维、三维结合方式出图纸，便于施工单位快速理解。

（2）管线综合设计利用"鸿业管立得"对现状管线进行描绘，在管线迁改设计工作中完成可视化设计，减少管迁工程量，降低施工难度。对管线进行优化，将综合管廊与雨污水及其他管线相结合，控制雨污水等重力流管线竖向因素，减小综合管廊埋深，降低工程造价。同时将管立得文件与路立得文件相结合，形成视频文件，实现所见即所得。

（3）桥梁结构设计通过 BIM 建模实现三维可视化、结构优化、施工交底。钢结构天桥等结构实现碰撞检查、工程量统计、剖切断面出图。人行通道建模实现完整的材质赋予和工程量的统计，并体现与周边结构的协同关系。管廊结构计算建模与工艺专业模型互导，实现与上游专业关联互动。

（4）Revit 软件具有数据转换接口，可以将不同专业的图纸统一导入 Revit 协同工作平台上，以实现数据信息的共享。另外，Revit 还具有碰撞检查功能，在设计过程中对施工图纸进行碰撞检测，可以准确将冲突的位置显示出来，方便及时修改，减少设计变更，从而降低工作量。

（5）Revit 软件给项目参与方提供了一个信息共享的交流平台。在对综合管廊的建设过程中，三维模型包含与项目相关的所有信息，项目各参与方可以通过模型实现数据的共享，有效地解决了沟通不畅的问题。

5.2 具体应用情况及取得的成果

5.2.1 节点模型构建

综合管廊的节点（如监控中心与综合管廊的连接、综合管廊之间的"丁"字形及"十"字形节点）是综合管廊的重要组成部分，也是综合管廊设计中的难点。全面有效掌控好综合管廊的实际设计效果，科学处理好道路交叉口的安装情况，可为推进管线工程运行管理活动顺利开展，保障综合管廊的综合稳定性，切实开展后续维护管理工作提供良好的前提条件。综合管廊的主要节点有吊装口、逃生口、I/O 站、通风口（自然和机械）、集水坑等。

在管道设计连接、管廊顶板侧墙开洞等方面通过修改模型参数，最终完成管廊内外所有涉及的线缆、管道设计、预留洞设计、爬梯设计、通风设计等，完成参数化设计。利用 Revit 完成交叉井室中的管道设计、支吊架设计、附属设计（包括吊装口、通风口、逃生口、防火墙、集水坑等），在 Revit 中建立真实的管廊三维模型后，可以沿任意方向剖切管廊，得到管廊的剖面视图。三维模型转化为二维图纸，图纸作为末端产品自动随设计而改变。

1. 出入口节点大样

为实现车行道下管廊至人行道的逃生功能，可建立模型集约布置逃生通道，以完成节点设计。在滨州市滨城区黄河十九路地下综合管廊工程中通过集约化布置，将人员出入口由原方案自侧墙进出管廊调整为自顶部进出，这种方式可减小管廊占地面积，并节省投资（图 5-1）。

2. 出线井节点大样

出线井设计难点在于主沟与支沟上下层的交互设计以及管线的竖向衔接。传统二维设计中，设计人员对出线井每条线、每个孔洞均需细化设计，工作繁琐。采用 Revit 软件对复杂节点管道管件、支墩、支架及主要附属构筑物进行合理排布，确定出线井等复杂节点管道定位及孔口布置，可以做到工程实际 1∶1 复制于设计，实现模型与图纸的统一。出线井分为支沟下层出线、支沟上层出线、主沟"十"字井出线（图 5-2）、支沟"T"形出线（图5-3）、直埋出线、端墙（喇叭口）出线（图5-4）。

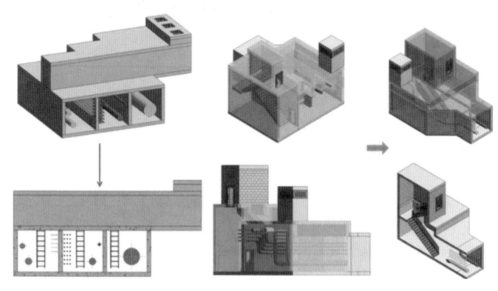

图 5-1 出入口大样

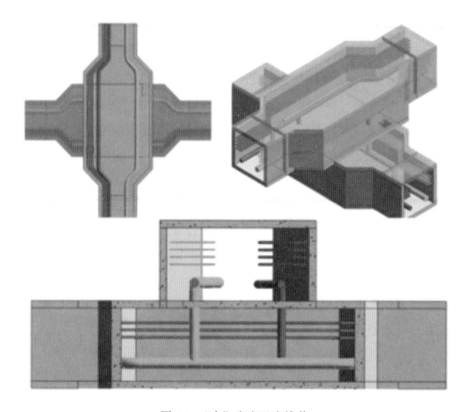

图 5-2 "十"字交叉出线井

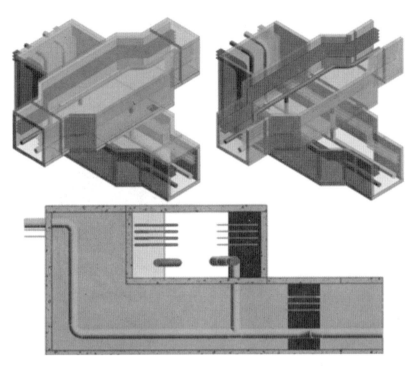

图 5-3　支沟"T"形出线井

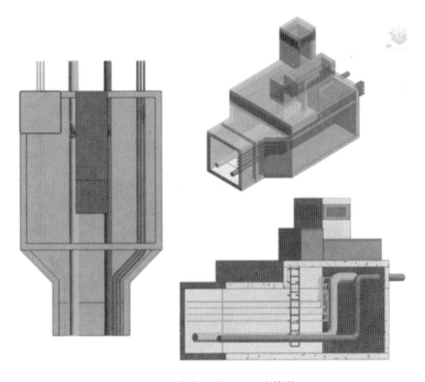

图 5-4　端墙（喇叭口）出线井

3. 在某立交桥项目中，为节约利用综合管廊，在复杂节点仍将人员出入口与端墙合并设置，同时布置通风井等附属实施，采用 BIM 对各节点进行设计，同时对内部管线、楼梯等进行可视化优化布置（图 5-5）。

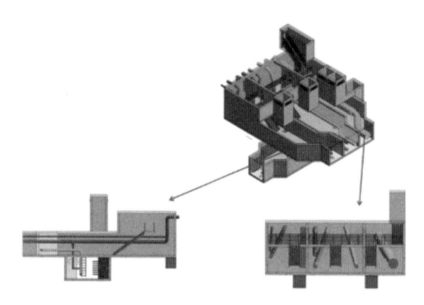

图 5-5　逃生通道大样

4. 由于综合管廊相互交叉，为保证检修人员在综合管廊内的通行，综合管廊的节点处理比较复杂。而在 Revit 中可以根据选择的管廊和交叉井室的平面轮廓线，自动生成井室节点（图 5-6）。

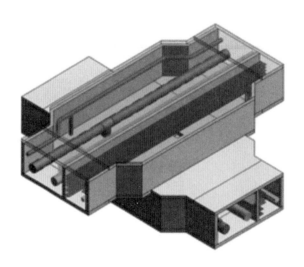

图 5-6　交叉节点大样

5.管廊设计结构专业将 Revit 模型直接导入 MIDASGEN 中，省去模型建立过程，提高建模效率，并在 MIDASGEN 中修改结构尺寸等反馈回 Revit 软件，与上游专业关联互动（图 5-7）。

工艺Revit模型

结构MIDASGEN模型

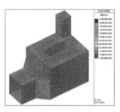
MIDASGEN模型计算内力圈

图 5-7 结构专业节点模型分析及计算

5.2.2 整体模型构建及展示技术

BIM 技术在市政行业的应用日趋成熟，并带来了革新性的变化。它在市政基础设施建设中的应用虽处于起步阶段，但在市政项目中协同设计、碰撞检查、动态调整的应用方面可以让工程建设过程变得更为科学、合理、高效。因此应继续深化 BIM 应用，并将其渗透至各个专业，可以有效指导全过程施工。

1.整体模型构建

利用"管立得"实现横断面设计，也可利用 Revit 建立综合管廊模板，设计人对管廊整体思考后完成管廊横断面设计。舱室添加、拆分、合并，管道定位及调整，支吊架定位及调整，最终生成模型。图 5-8 为某立交桥项目中三维视图管廊整体模型。

图 5-8 某立交桥项目中三维视图管廊整体模型

横断面输入：（1）管立得导入；（2）Revit 自建依托鸿业管立得完成主线及支线每条管廊的横断面设计后，将管廊断面文件导入 Revit，也可利用 Revit 建立综合管廊模板，完成横断面设计。通过族库对管廊细部进行修改。管廊模型建立完成之后，如需修改，强大的联动功能——平、立、剖面、明细表双向关联，一处修改，处处更新，自动避免低级错误（图 5-9）。

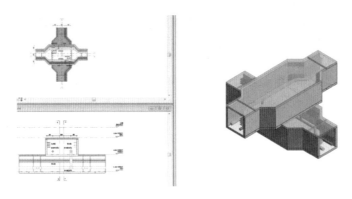

图 5-9 三维视图下修改联动

在出线井部位孔口设计方面应根据需要选择对应的支架、吊架等（图 5-10）。

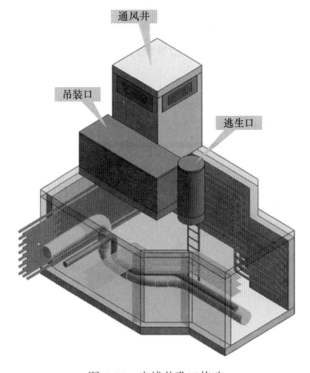

图 5-10 出线井孔口修改

在平面上确定管道与管廊的平面相对位置管线，在剖面图上确定管道与管廊相对高差管线，对该出线节点进行修改，将出线节点修改为不对称形式，规避冲突（图 5-11）。

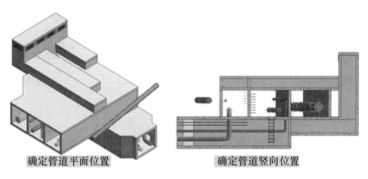

确定管道平面位置　　　　　确定管道竖向位置

图 5-11　出线井节点联动修改

2. 项目技术展示

基于项目建设单位及施工单位客观因素的牵制，其尚未采用 BIM 技术，在设计及施工交底中，将建模所得解析出大量效果图，并配以动画，大大提高了建设单位及施工单位的识图率，有效避免了读不懂图、误解设计意图等传统交底所不能解决的问题，尤其外地项目，通过 BIM 交底，减少了交底工作量，提高了沟通效率。基于精细化建模，完成了项目动画制作，实现了项目建成效果的直观展示，提升了汇报效果及效率并取得了各方好评（图 5-12）。

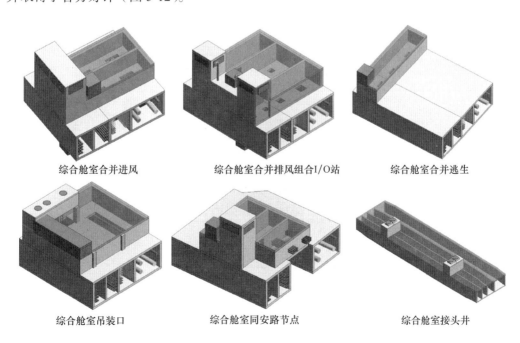

综合舱室合并进风　　　综合舱室合并排风组合I/O站　　　综合舱室合并逃生

综合舱室吊装口　　　综合舱室同安路节点　　　综合舱室接头井

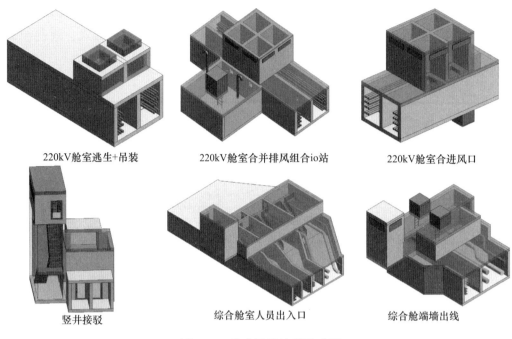

图 5-12　技术展示效果及动画

在汇报展示方面，3D 打印模型可使设计变得更加生动形象。因此，最终项目的详细比例模型可以成为将设计理念传达给业主和施工单位的有效方式。3D 打印的综合管廊模型消除了技术图纸和草图的猜测和理论性质。管廊专业采用 3D 打印可以实现模型的实体输出和设计成果的直接展示（图 5-13）。

图 5-13　某立交工程管廊 3D 打印模型

5.2.3 族库或标准图库的建立与积累

在 Revit 软件中，族是一个功能十分强大的概念，是项目三维模型进行参数化设计的载体，有助于对模型数据信息进行统一更改和信息化管理。创建者可以根据自身不同的需求对族进行不同类型的定义，还可以为其添加各种信息参数。通过 Revit 软件不仅可以创建出工程中各种类型的建筑构件，还可以为其添加建设过程中所需的各种参数，以便在工程设计过程中可以直接调取族构件，提高建模效率。

由于 Revit 中缺少适合综合管廊族构件的样板，只能根据构件的特性选择适当族样板创建综合管廊族构件，虽然在一定程度上可以满足功能的需求，但是族构件的关联参数需要进一步添加，其精细化程度也需要进一步探索。

城市综合管廊是一个非常庞大繁杂的工程，里面涉及很多异形建筑物，这为建模建族造成了一定的障碍。所以，综合管廊工程族库的建立，首先要将这一行业的构筑物进行归纳与总结，主要归纳的族模型有孔口族、通风口组、I/O 站族、单舱室喇叭口、支架支墩族等。在进行统一的归类后，按照族构件的相似性和可重复使用性对族构件进行分析，分析族构件的相关参数信息和几何特征，以确定这一类构件的主要模型信息。对综合管廊族构件的总结归纳是建族的基础，族构件的总结越系统，在其他项目的重复利用过程中就越方便，仅仅需要对族参数进行调整或者重新进行编辑即可完成模型的创建。

地下综合管廊工程由于功能的需要，需设置大量的人员出入口、通风口、吊装口、管线分支口，这些孔口是防水的薄弱部位，在设计和施工中应高度重视，重点关注。建立孔口族的布置，包括逃生口、通风口、集水坑等（图 5-14）。

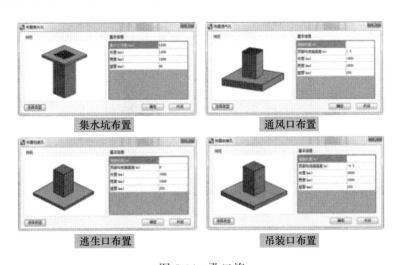

集水坑布置 通风口布置

逃生口布置 吊装口布置

图 5-14 孔口族

基于工艺专业建模速度较快而结构专业出图工作量较大的现状，我们对各种断面的舱室进行了整合。通风口族的制定，在满足 3m×3m 断面舱室不超过 200m 防火分区前提下，标准通风口作为族入库，在方便工艺专业建模的同时，也为结构专业套图提供了便利。I/O 站族的制定，在满足电气专业设备安装前提下，I/O 站作为族入库。单舱室喇叭口的制定，除去入廊管线特殊情况外，单舱室喇叭口作为族入库，在满足管线安装前提下，可使剩余空间较多，综合考虑设计成本及预制施工，经济可取（图 5-15）。

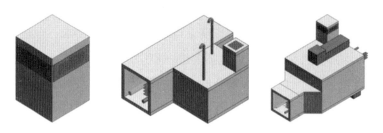

图 5-15　通风口族、I/O 站族及单舱室喇叭口

Revit 既可自动生成管道，也可根据需要绘制单独的横管、立管，关联管道自动连接。将支架、吊架、支墩构件入族库，可根据需要选择对应的支架、吊架及支墩（图 5-16）。

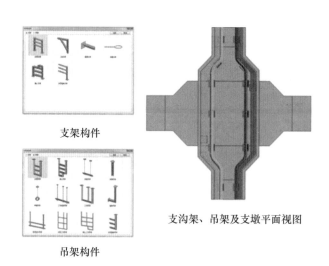

支架构件

吊架构件

支沟架、吊架及支墩平面视图

图 5-16　管道支沟架、支墩族

6

智慧管廊

6.1 智慧管廊技术及应用

智慧管廊是指通过物联网、三维可视化、智能传感器等技术，对综合管廊内流量、压力、有毒有害气体等进行实时监测，并采用大数据分析和管理技术，增进综合管廊的智能化转型，做到综合管廊在动态监测、预警分析和应急处置的系统化"智慧"运营，从而实现对智慧管廊的基本数据及动态信息共享、资源整合、精确管控及智能决策等。

城市智慧综合管廊既要实现系统安全、稳定运行，又要实现对供电、消防、照明、通风、排水等系统的"集中管理"，其建设目标是在信息化管理的基础上，逐步实现自动化，用智慧覆盖整个管廊运行管理的全过程，实现高效、节能、安全、环保的"管、控、营"一体化智慧型管廊。

智慧管廊系统通过感、传、知、用四层架构，实现对地下管廊的属性信息和状态信息运行透彻的感知和度量，通过感知实时获取人员、设备、环境、流程制度等在内的一切数据，实现地下管廊管理的可视化，提高管廊的安全性和用户满意度。

感知层：应用数据采集技术，实现电力、给水、通信、能源等的数据采集系统。

传输层：由环网光纤，无线传输模块提供有线、无线通信等可靠传输。

处理层：通过一个"集中监控信息平台"集成环境与设备监控系统、安全防范系统、通信系统、预警与报警系统、地理信息系统五大中心模块实现系统的分布式应用和纵向深入。

应用层：应用主流的 Web 架构实现互联网门户服务系统。由于政府管理部门和相关管线单位（给水、电力、燃气、通信、供热）的本专业管线运行信息会影响到管廊本体安全或其他专业管线的安全运行，因此在应用层要对相关管线单位提供通信接口，以实现信息的共享和联动。

6.1.1 综合监控系统

城市智慧管廊综合监控系统，其监控范围全面涵盖地下管廊内的管线运行安全以及管廊空间、附属设施等的状态，为城市"生命线"的可靠运行提供了全面的技术保障手段，也为构建适合城市快速发展的安全、高效、智慧的地下管网系统提供了有力的后台支撑。

 ## 6.1.2 资产设备监控系统

1.电力电缆监测系统

运行温度是电缆的一个重要参数。当电缆在额定负荷下运行时线芯温度达到允许值。电缆一旦过载，线芯温度将急剧上升，加速绝缘老化，甚至发生热击穿。

在电力电缆的选型和敷设阶段，不可能对实际运行环境进行全面的考虑，通常都是根据标准环境温度进行的，这样会导致电缆在环境温度高时运行于过热状态，减少运行寿命。实际工作时为了避免出现这种情况，通过适当保留负载能力的方法来解决，但这却造成电缆的使用不经济。因此，如果能够根据实际运行状态和运行环境，对电缆的负荷进行实时调度和调整，不仅能够保证电缆的运行安全，使其带负荷能力得到充分发挥，而且在某些情况下可以解决电力调度中紧急情况下的电力供应问题。

对电力电缆的监测包括：缆线温度、动态载流量、接地电流、局部放电。

（1）缆线温度监测

本综合监控系统采用分布式光纤测温技术，将光纤作为测温传感器，通过敷设在电缆表面或内置在电缆中，实现对电缆表面温度、电缆接头温度以及环境温度的实时监测，及时发现电缆运行过程中出现的问题以及运行电缆周围环境的突变状况。

分布式光纤测温技术，是完全分布式测量，以精密间隔探测全线温度，定位精度达 1m；测量速度快，4000m 的距离只需要 3s；能够做到多级报警，并具备定温、差温、峰值等多种报警方式，报警分区间隔最小为 1m。

（2）动态载流量监测

动态载流量分析系统的核心算法为动态载流量模型 DCR（Dynamic Cable Rating），它基于国际电工委员会标准 IEC60287 和国际大电网会议 CIGRE 动态热路模型开发，可以实现电缆导体温度和电缆负荷的监测。

（3）接地电流监测

电缆护层接地电流监测系统通过在电缆接头的接地线上安装电流监测装置，实时监测接地电流瞬变、突变情况，实现对电缆接地故障快速预警和准确定位，为线路抢修提供先决条件。

（4）局部放电监测

电缆局部放电在线监测系统能够实时检测电缆内部发生的局部放电信号，有效地去除干扰信号。检测到的局部放电信号通过光缆传输到变电站监控中心，通过分析系统对局部放电的类型和局部放电水平进行分析判断，从而评估局部放电的影响，判断设备绝缘状态，并给出相应设备维护维修指导方案。

在以上四个监测项中，动态载流量、接地电流和局部放电三项监测可以考虑直接从电力公司获取数据。

2. 通信光缆监测系统

对通信光纤的监测包括：断纤、故障监测。

基于 OTDR 的自动监听技术可进行光纤的传输衰减、故障定位、光纤长度、接头衰减的测量。OTDR 对光纤断点测量又有很强的鲁棒性，在电力通信网的光纤监测中有着广泛的应用。

光纤监测通常包括在线监测和离线监测两种。

在线监测方式，采用与工作波长不同的测试波长通过 WDM 设备，合波在同一根光纤通道中运行，在远端利用滤波器将测试波长滤掉，让工作波长通过。但是在监测实施时必须断开工作光路，只让监测光路通过，这样就会对用户通信造成影响，对于实时性要求不高的通信网络可以采用此种监测方式。

离线监测方式，在施工中通过增加两条备用光纤作为监测通道，这种监测系统的构建容易实现且对用户不会造成影响。系统架构清晰简单，利于维护，但是必须占用监测专用通道。这种监测方案监测的光纤是与通信光纤并排的光纤，并不是实际应用的通信光纤。离线监测实时性高，可在施工过程中预留 2 芯作为监测光纤，1 芯用于光功率计实时监控，1 芯用于 OTDR 测试。光纤功率计和 OTDR 共同完成对光纤的监测功能。

光纤监测的两种方法各有优缺点，在实际施工中鉴于不影响通信，建议使用离线监测方式。

3. 给水管线监测系统

通过对供水系统输配管线压力、流量、水质等情况进行实时在线监测，有效提高供水调度工作的质量和效率，实现供水自动化管理。

对给水管线的监测包括：压力、流量、水质。

4. 热力管线监测系统

热力管线泄漏监测系统是通过分布式光纤温度监测系统，实时在线监测热力管线泄漏的发生，并通过后台泄漏监测软件实时读取温度、压力、流量等需要的热力数据。感温光纤作为热力管道泄漏监测的传感器系统，使用寿命长达30年。其投资成本低、测量精度高，能够将泄漏位置准确定位在1m范围内。

5. 天然气管线监测系统

天然气管道在各种复杂因素的影响下，常常会出现管道泄漏的情况，泄漏的气体很容易引起火灾，严重时会带来爆炸。天然气主要成分是烷烃，其中甲烷占绝大多数，另有少量的乙烷、丙烷和丁烷等，因此通过监测天然气敷设沿线空间环境的甲烷浓度，可有效发现天然气泄漏。

6.1.3 环境监测系统

地下管廊装有各种线，信号线、热力管、燃气管、电信管道、给水管道、电力管道等，是一个多种信号与传输对象交汇的场所。为了充分保障管廊内环境安全，需要对其内部环境进行监测，以达到实时、自动监测地下管廊内的环境，其重要性不言而喻。

系统主要是对管廊内的温度、湿度、有害气体（CO、CH_4、H_2S等）浓度、空气含氧量、水位等环境参数进行实时监测，并通过区域控制器与管廊内排水系统、通风系统、照明系统进行联动。

通过在地下管廊配置相应的传感器及报警器，并通过通信将监测信号从管廊I/O站传输到监控中心，通过配套的综合管理软件对数据进行分析。通过软件对每个测点的地理位置、测量值或工作状态进行连续采集，如出现异常，系统会自动生成报警（声光报警、短信报警、邮件报警可选），第一时间通知到相关人员，将可能出现的险情消灭在萌芽状态，避免造成大的经济损失，影响管廊的正常工作。

由于管廊较长，需要选择合适的距离和方式来设置监测点：

1. 对于温度和湿度的数据可以参考200m一个测点。

2. 对于燃气报警则要针对实现情况选择敷设的距离要大大缩短（或者选择可能会发生报警的特殊区域）。

3. 对于积水报警则选择集水坑水位监测方式。

4. 对于有害气体监测，则要判断气体成分和产生原因，如果产生了积水（污水）可能会产生恶臭气体等。

6.1.4 智能管控系统

综合监控系统中，管廊内的各子系统状态均可在后台指挥中心统一展示。通过管廊综合管控系统提供的远程监控功能，能够将管廊现场的监控站建设成为无人值守监控站，实现排水设备、配电房、消防设施、通风系统、照明系统等实时远程监控、控制。

综合监控系统的操作员能够通过网页浏览器、智能手机、平板电脑等多种方式浏览监控系统的画面，了解系统运行情况，并能在需要的时候进行控制。

6.2 统一管理控制平台

管廊中使用的设备种类多、数量大，且需要定期检修和维护，以保证管廊的正常运行。管道养护包括制定养护计划、现场巡查管理、养护报告收集、养护完成情况统计、历史资料汇总查询、养护统计上传、积水点管理、排放点管理等。管廊使用的所有设备的厂家、型号、采购日期、检修记录等信息需进行存储分析。设备运行时间、故障时间等信息，设备运行时的报警和故障需进行分析。提醒管廊运行维护人员定期对设备检修或更换备品备件，实现统一的设备维护及管理。操作员在管廊综合管控系统中根据需要可以查询到任何一个设备的相关信息。管廊内发生险情时，需要统一的预警指挥平台。以上一系列功能均融合在统一管理软件平台，并部署在统一指挥中心。

6.2.1 平台架构

管廊综合管控方案中将利用到大量的最新的软硬件技术，包括设备监控技术、物联通信技术、智能终端技术、数据中心技术、智能报表技术、数据挖掘分析技术、数据仓库技术。提供统一的数据存储平台，并在大数据的基础上应用数据挖掘技术实现智慧决策。

综合软件平台采用分布式结构，有几个子系统：分布式光纤传感系统、光纤光栅传感系统、数据记录系统等，它们共享数据库。

综合管理软件平台提供组态、电子地图、AR场景等多种可视化监控方式，具备数据存储、设备管理、远程控制、报警提醒等功能，具有"集成管理、分布式控制、全面监控、安全联动、监控组态"等众多特色。

6.2.2 功能展示

1. 设备控制

设备控制功能主要包括：设备控制、循环控制、最佳启停、趋势运行记录、异常报警灯。

2. 设备维护

提供设备部件和设备参数、设备文档的管理；可处理各种设备变动业务，包括原值变动、设备状态变动、安装位置调整等，实现设备信息共享、风险管理。

3. 视频管理

视频管理主要包括视频画面的基本设置、视频画面的调整与控制、视频回放。

4. 告警管理

当设备出现异常时，平台可根据配置给相关人员发送告警短信、拨打告警电话、发送告警邮件，后台产生一条异常记录。系统还可提供异常的查询、导出与处理服务。

5. 报表分析

系统提供多维度的历史数据查询与导出，主要包括开关量、模拟量、状态量、中继输出量、分布式数据、视频数据流、音频数据流、电子门禁等数据类型。

6.2.3 三维虚拟漫游系统

三维场景虚拟漫游技术是虚拟现实技术的一个重要内容，它通过人机交互，使用户能够自由观察和体验虚拟环境。

　　系统提供了三维场景漫游功能，该功能有手动飞行和自动飞行两种模式。手动飞行就是根据鼠标的滚动来爬行、旋转、后退等，场景模式同 CS。在飞行过程中，管道沿线的传感器及当前的参数会实时展现。

6.2.4　AR 增强技术

　　通过 AR（增强现实）技术还原现实、超越现实，实现综合管廊隐蔽工程穿透式地下数据查询与展现，使城市地下地上信息一体化。人在地面上感觉像在管廊内，景随人动。

6.2.5　大数据

　　平台层：为大数据存储和挖掘提供大数据存储和计算平台，为多区域智能中心的分析架构提供多数据中心调度引擎。

　　功能层：为大数据存储和挖掘提供大数据集成、存储、管理和挖掘功能。

　　服务层：基于 Web 和 OpenAPI 技术提供大数据服务。

　　大数据下的综合管廊能做到商业智能。

6.2.6　技术架构

　　硬件物理层：各部分设备通过标准通信口连接，实现数据的基本传输功能，各设备基于自身设计，实现基本处理能力。

　　数据层：在数据层，将视频、监测数据、报警信号、设备信息、地理信息等进行结构化融合，并将共性资源进行关联，实现对综合管廊所有业务系统监控数据的汇总，同时对重要数据进行存储。

　　应用层：包括视频监控系统、地理信息系统、预警告警系统、环境监测控制系统等业务应用。在应用层，不同系统共享数据。

　　展示层：在 Web 及 App 端统一展示各系统功能。

6.2.7　关键技术及特色

  综合管廊"智慧运维"管理平台系统的特色主要是融合共享。基于"互联网＋"更加丰富的多元的交互方式，采用 B/S 架构，支持本地局域网远程访问数据，远程广域传输采用 VPN 方式，拥有强大的数据容量以及数据挖掘能力和完善的统计分析与预测能力。通过强大的物联网平台，可达到设备信息可视化。利用云计算，可实现数据存储云化，数据实时共享。分布在管廊内的智能传感器可进行数据采集，并在平台实现信息可视化和设备控制自动化。

7

综合管廊工程案例

7.1 专项规划案例

7.1.1 青 岛

青岛市地处山东半岛南部，介于东经 119° 30′~121° 00′、北纬 35° 35′~37° 09′ 之间，东、南濒临黄海，东北与烟台市毗邻，西与潍坊市相连，西南与日照市接壤，总面积为 11282km²。其中，市区（市南、市北、李沧、崂山、青岛西海岸新区、城阳、即墨七区）为 5226km²，胶州、平度、莱西三市为 6067km²。

青岛市综合管廊建设主要集中于高新区，从 2008 年开发建设，总规划里程约 75km，已建成超过 50km，40 余 km 已投入使用，建设规模是目前国内最大的。

青岛市创新地使用了建设适应性评价分析体系，通过对青岛市地下综合管廊建设适宜性进行评估，可以得出以下结论：市南区为地下综合管廊慎建区，市北区、李沧区、城阳区、崂山区为地下综合管廊宜建区，黄岛区为地下综合管廊优先建设区。

对青岛市重点建设区域地下综合管廊建设适宜性进行评估，可以得出以下结论：威海路商业区、海洋高新区为地下综合管廊宜建区，李沧北部商贸区、金家岭金融新区北片区、崂山湾国际生态健康城、开发区、中德生态园、董家口港城、红岛经济区为地下综合管廊优先建设区。

参考上述青岛市地下综合管廊建设适宜性评估结论，根据《城市地下综合管廊工程规划编制指引》（建城〔2015〕70 号）、《城市综合管廊工程技术规范》（GB 50838—2015）、《国务院办公厅关于加强城市地下管线建设管理的指导意见》（国办发〔2014〕27 号）等相关规范、规定以及《青岛市城市总体规划（2011—2020）》《青岛城市地下空间资源综合利用总体规划（2014—2030）》等相关规划对综合管廊建设的要求，确定综合管廊重点建设区域和一般建设区域。

重点建设区域为城市新区，主要包括红岛经济区、蓝色硅谷核心区、临空经济区及胶东机场、崂山湾国际生态健康城和董家口港城。该类区域根据开发强度、功能需求、道路等级、重要的管线廊道及近期建设计划等，结合新建道路同步建设地下综合管廊。

一般建设区域主要为城市建成区、园区和集中开发区域，主要包括东岸城区（李沧区、市北区、崂山区）、西海岸新区（中德生态园、青岛经济技术开发区）、胶州市区、平度市区、莱西市区及原胶南市区等。该区域主要结合旧城更新、道路改造、地下空间开发利用等，因地制宜、统筹安排综合管廊建设。

其他区域宜综合分析功能定位、道路交通、管线规划、地下空间开发、地质条件等因素，进行技术、经济比较研究建设综合管廊。

7.1.2 威　海

威海市位于山东半岛东端，北、东、南三面濒临黄海，中、南部由里口山、正棋山等山脉将市区分割，沿海环山的带状用地布局及独特地形成为威海市经济发展和城市扩张的瓶颈，城市建设用地紧张、道路交通拥挤、基础设施不足等各种城市发展问题日渐突出。

威海市确定了"中心崛起、两轴支撑、环海发展、一体化布局"的市域城市空间发展新格局，做出重点开发建设东部滨海新城、双岛湾科技城等六大重点区域的重要部署，是综合管廊规划建设的良好契机。

本次规划可有效统筹威海市城市地下管线建设，减少了"马路拉链"发生，增强了地下管线防灾能力；结合架空线入地，基本杜绝了"城市蜘蛛网"现象；提高了城市基础设施承载能力，提升了城镇化水平。

规划建设综合管廊 95.87km，主要集中于东部滨海新城、中心城区和双岛湾科技城，其中干线综合管廊 30.17km，支线综合管廊 48.7km，结合中心城区架空线路入地规划缆线管廊 17km，如图 7-1 所示。

到 2020 年，威海市规划建成综合管廊 61.37km，综合管廊配建率约 1.97%，与住房城乡建设部、发展改革委发布的《全国城市市政基础设施建设"十三五"规划》中 2020 年城市道路综合管廊综合配建率 2% 这一要求相契合。

分析威海的管廊专项规划可以推断，中小城市应该注重综合管廊的规划建设更加贴近实际需求，所谓"好钢用在刀刃上"，规划过程应该基于全面系统的基础管线数据分析、基础设施规划分析、城市发展预测等来制定规模合理、可实施性强的综合管廊系统。威海市综合管廊规划针对中等城市特点，坚持"多规合一"理念，开展了与管线专项规划、管线综合规划、地下空间开发利用规划等相关规划的统筹融合，尤其注重对相关市政专项规划的优化与调整互动。威海市创新性地提出了建设区域量化评价体系，用数据模型验证规划区综合管廊"横向贯通、纵向延伸、环状闭合、网状分配"布局，对同类型其他中小城市编制管廊规划的技术路径提供了可借鉴的经验（图 7-1）。

图 7-1 金鸡大道综合管廊及监控中心日常巡检工作

7.1.3 聊 城

聊城市位于北纬 35° 47′~37° 02′、东经 115° 16′~116° 32′ 之间，山东西北部、黄河北岸，东靠济南，西接邯郸，西南与河南省濮阳市相邻，东北与山东省德州市相接。聊城市区位于聊城市中部，古运河畔，京九铁路纵贯南北，邯济铁路、济聊高速公路横穿东西。城区西南至郑州市区约 300km，西北至石家庄市区约 250km，东距济南市区约 100km，北距北京市约 500km。黄河与京杭大运河在此交汇。市域南北长 138km，东西宽 114km，总面积 8715km²。

聊城市中心城综合管廊系统布局主要设置在开发强度高、人口密度大、交通干线繁忙和景观要求高的路段，重点考虑结合市政干管走廊进行设置，结合近期建设规划，通过地下综合管廊构建聊城市中心城区市政干管体系，其中缆线管廊以高压电力的规划通道作为基本线路。

结合用地功能布局、交通系统规划、道路平面规划、市政管网规划布局站的影响分析，确定聊城市中心城区综合管廊系统布局的骨架管网为"八横五纵"，且道路沿线为密集开发区域（图 7-2）。聊城市中心城综合管廊系统形成完善的"环状"布局，在局部功能区或预留支状管廊布局。

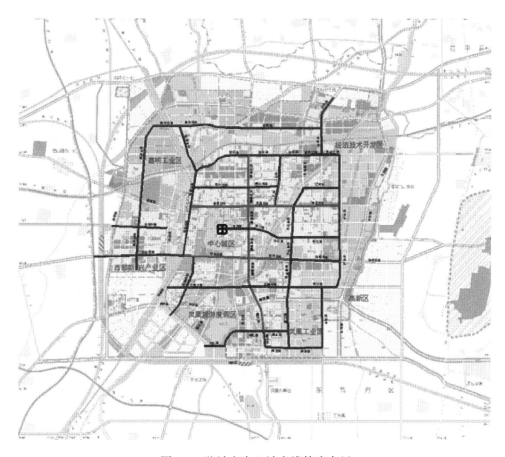

图 7-2　聊城市中心城支线管廊布局

　　沿东昌路、湖南路和柳园路形成"两横一纵"干线管廊系统布局，成为综合管廊系统骨架，形成东西向、南北向管线主要通道。

　　于站前街、财干路、庐山路、光岳路、长江路、二干路、昌润路、湖南路、城源路、嘉和路、松桂大街、杭州路、民安路—尚礼路—纬三路等道路设置支线管廊，与东昌路、湖南路、柳园路围成"九横六纵"的布局。

　　结合聊城市中心城区综合管廊系统布局以及 110kV 供电路由，在南环路、南外环、东环路、湖南东路、西环路、海源路、二干路、巢父路、水城大道、田园路等道路规划缆线管廊，作为聊城市中心城综合管廊系统的有机组成。聊城市中心城规划缆线管廊长约 63.46km。

　　2030 年以后，结合城市发展在城源南路、民安路等道路建设综合管廊，在海源路、南外环建设缆线管廊，将会丰富完善聊城市综合管廊系统，最终形成"九横六纵"覆盖中心城区的环状辐射型管廊系统。

7.1.4 青岛高新技术产业开发区

青岛高新技术产业开发区是 1992 年 5 月经国务院批准设立的国家级高新区，2000 年被认定为国家高新技术产品出口基地。2001 年被评为国家级先进高新技术产业开发区。2002 年被认定为国家火炬计划软件产业基地和大学科技园区。青岛高新区胶州湾北部园区规划面积 66km^2。

高新区地貌形态属于滨海沼泽化浅滩，原为虾池、盐田，经人工回填后高程在 2.5m 左右；场区土层共分 5 层，分别为素填土、淤泥质土、粉质黏土、砂层、基岩，其中淤泥层平均厚度约 2m。根据《青岛高新区主次干道路网规划》（2008—2020 年），规划道路竖向高程约 4.5m，综合管廊平均覆土约 2m，综合管廊施工时平均开挖深度约 4m，管廊基本位于淤泥层。因为场地回填时间较短，淤泥尚未完全固结，呈流塑或软塑状，加之高新区常水位为 1.5m，导致管廊施工时沟槽开挖难度大，容易发生塌方。同时在软弱地基上压缩模量低，协调变形能力很差。

由于高新区综合管廊建设起步早，国内综合管廊还没有形成相关规范标准。规划时首先进行了高新区综合管廊的可行性研究，确定技术、经济可行后，又展开规划的编制工作。

1. 前期论证充分

由于综合管廊建设成本和运营费用高，项目初期必须对建设的必要性和可行性进行充分的论证，确定具备充足的建设必要和可能后方可实施。

为了确保综合管廊建设的合理性和适应性，高新区管委会组织各部门赴上海张杨路及安亭新镇、北京中关村、广州大学城等地考察学习综合管廊规划建设情况，在充分进行调研的基础上，编制完成《青岛高新技术产业开发区综合管廊可行性研究》，对综合管廊建设的必要性、可行性和建设方案进行了详细的论证，青岛高新区管委会于 2008 年 5 月 22 日邀请北京、上海、天津及本地专家对该报告进行了专家咨询。专家一致认为在高新区实施综合管廊的建设符合高新区的发展模式，技术上和经济上是可行的。

同时，该报告对高新区综合管廊建设的适宜性也进行了充分的分析和论证，为综合管廊的规划和建设提供了基本的依据。

2. 衔接紧密

综合管廊工程是一项系统工程，当其形成网络结构时才能将其优越性和便利性体现出来，更好地发挥其优势。管廊工程应根据城市总体规划、各专业管线专项规划、控制性详细规划进行编制。各市政管线专项规划应进行有效衔接，促进市政管线系统布局调整，结合管廊规划进行修编完善。

高新区在编制综合管廊专项规划前，先行组织编制完成多项规划，具体如下：

（1）《青岛高新技术产业新城区总体规划》（2008—2020 年）

（2）《青岛高新技术产业新城区土地利用规划》（2008—2020 年）

（3）《青岛高新技术产业新城区主次干道路网规划》（2008—2020 年）

（4）《青岛高新技术产业新城区排水专业规划》（2008—2020 年）

（5）《青岛高新技术产业新城区给水专业规划》（2008—2020 年）

（6）《青岛高新技术产业新城区电力专业规划》（2008—2020 年）

（7）《青岛高新技术产业新城区通信专业规划》（2008—2020 年）

（8）《青岛高新技术产业新城区燃气专业规划》（2008—2020 年）

（9）《青岛高新技术产业新城区热力专业规划》（2008—2020 年）

（10）《青岛高新技术产业新城区综合交通规划》（2008—2020 年）

（11）《青岛高新技术产业新城区防洪排涝规划》（2008—2020 年）

（12）《青岛高新技术产业新城区主次干道管线综合规划》（2008—2020 年）

在上述规划编制完成的基础上，青岛又组织编制《青岛高新技术产业新城区综合管廊专项规划》（2008—2020 年），在综合考虑用地性质、道路等级、管线容量以及建设时序等因素后，提出"轴向敷设、环状布局、网状服务"的管廊总体模式。

7.1.5 即墨区

即墨区综合管廊规划编制范围：东以崂山余脉为界，南接城阳，西临青银高速公路，北至青威高速公路，面积约 430km²，包括四大城市片区，即中心片区、大信通济片区、北安龙泉片区（汽车产业新城）、龙山片区（经济开发区蓝色新区）。

即墨区综合管廊重点建设区域为城市新区，主要包括经济开发、汽车产业新城等，该类区域根据开发强度、功能需求、道路等级、重要的管线廊道及近期建设计划等，结合新建道路同步建设地下综合管廊。一般建设区域主要为城市建成区（中心片区）、园区和集中开发区域，该区域主要结合旧城更新、道路改造、地下空间开发利用等，因地制宜、统筹安排综合管廊建设。

综合管廊总体布局整体呈现出"五纵三横基本框架，缆线交联穿插"的管廊系统结构。

该布局紧凑集约，又辐射发散至规划范围内各个区域，与周边的建设项目及用地紧密结合，就近、全面、系统地为其提供市政配套服务，最大限度发挥综合管廊的优势，为即墨区的快速发展提供强有力的基础保障（图7-3）。

图例
—— 支线、干线管廊
—— 缆线管廊
· 监控中心

图 7-3 即墨区综合管廊系统布局示意

该区域南部预留与城阳区综合管廊系统衔接的条件，远期可与青岛南部市区地下管廊形成互通系统，提高安全性及系统性，为即墨区发展及未来与青岛市区的融合夯实基础。

规划新建地下综合管廊 146km，其中干线、支线管廊长度约为 61km，缆线管廊长度约为 85km。其中，规划近期（2017—2020 年）新建 37.5km，远期（2021—2030年）新建 109.5km。

7.1.6 蓝谷核心区

蓝色硅谷核心区位于青岛市即墨区，东邻鳌山湾，西临即墨老城，致力于优化整合青岛本土的优势资源，集聚海洋科研机构和人才，吸引国际旅游项目，以打造"国家海洋发展中心、国际海洋创新高地、山地海湾宜居城市"为总目标，未来，将蓝谷建设成国家海洋科技研发中心、海洋成果孵化和交易中心、海洋新兴产业培育中心、蓝色教育文化和人才集聚中心以及蓝色旅游和健康养生中心。

规划范围为青岛蓝色硅谷核心区全境,陆域总面积218km^2。

蓝色硅谷综合管廊布置结合管线综合规划,优先选择城市主干路、次干路以及在重复开挖时对道路交通、城市景观以及城市形象影响大的支路。核心区综合管廊布置结合重大市政基础设施改造、地下空间开发利用、片区改造等项目同步实施。

蓝色硅谷核心区综合管廊系统沿主要道路布局,与专项规划中电力电缆、给水主管道、热力管道及燃气等专业管线的走向基本一致,骨干管廊布局整体呈现出五环、一路的管廊系统结构,配合10个缆线沟小环,形成"五环一路带十星"的总体综合管廊布局。

该布局紧凑集约,又辐射发散,与周边的建设项目及用地紧密结合,就近、全面、系统地为其提供市政配套服务,可最大限度发挥综合管廊的优势,为蓝色硅谷核心区的快速发展提供强有力的基础保障(图7-4)。

图例:
———— 规划干线综合管廊
━━━━ 规划支线综合管廊
———— 规划缆线综合管廊
- - - 在建干线综合管廊
‒ ‒ ‒ 在建支线综合管廊
- - - 在建缆线综合管廊
● 综合管廊监控中心

规划管廊长度统计表

名称	长度(km)
干线综合管廊	30.2
支线综合管廊	26.0
缆线综合管廊	49.4
合计	105.6

图7-4 蓝色硅谷核心区综合管廊系统布局示意

青岛蓝色硅谷共规划综合管廊 105.6km，其中干线综合管廊 30.2km、支线综合管廊 26km，同时规划缆线管廊 49.4km。

结合项目，近期建设约 105.6km，其中干线管廊 30.2km、支线管廊 26.0km、缆线管廊 49.4km，搭建青岛蓝色硅谷核心区地下综合管廊骨架。现已完成剩余的 43.7km，其中干线管廊 21.3km、支线管廊 6.8km、缆线管廊 15.6km。2030 年以后，青岛蓝色硅谷核心区在形成较为完善的地铁、城际等重大基础设施网络基础上，重点提升城市内部服务职能的等级，重点开发核心区北部区域。核心区在远期完成剩余的 2.3km 干线管廊。

7.1.7 莱 西

第一版《莱西市地下综合管廊详细规划》（2017—2035 年）于 2017 年 7 月编制，随着社会经济的快速发展，综合管廊的建设需要加快落实到位，满足市政配套的需求。

2023 年对《莱西市地下综合管廊详细规划》（2017—2035 年）进行了修编，修编区域为莱西中心城区。规划期限（2017—2035 年）新建地下综合管廊 82.34km，其中，近期（2017—2025 年）规划新建 24.49km，远期（2026—2035 年）规划新建 57.85km。其中，干线管廊 62.44km，支线管廊 19.9km。

莱西市中心城区综合管廊总体布局呈现出"六纵七横"，莱西市姜山新区综合管廊总体布局呈现出"三纵五横"，该布局覆盖莱西市主要道路，能够辐射发散中心城区和姜山新区，便捷地为相邻地块提供市政配套服务，可最大限度发挥综合管廊的优势，为莱西市核心区未来的快速发展提供强有力的基础保障（图 7-5）。

图 7-5 莱西市中心城区综合管廊系统布局示意

莱西市综合管廊路由与总体规划中电力电缆、热力管道、给水主管道等专业管线的走向基本一致。

7.2 工程设计案例

7.2.1 高新区规划西1号线综合管廊建设工程

高新区规划西1号线综合管廊长约1117m，将包括雨污水、燃气、电力、通信、给水、再生水及热力的8类市政管线均纳入综合管廊，采用五舱断面，断面尺寸为 $B \times H=14.6m \times 3.8m$，如图7-6所示。管廊位于道路西侧非机动车道及绿化带下（图7-7）。

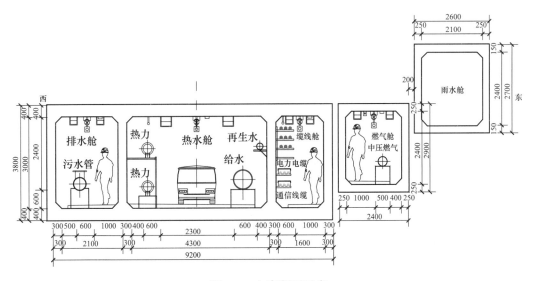

图7-6 主廊断面示意

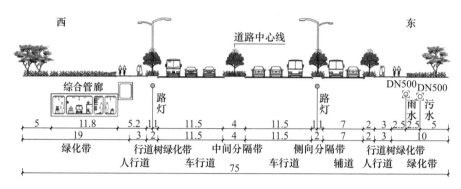

图 7-7　主廊平面位置示意

该项目建设难点及解决方案如下：

1. 8 类市政管线入廊，管线出线情况复杂

规划西 1 号线将所有市政管线纳入综合管廊，相交路口管线出线情况复杂，涉及管廊与管廊、管廊与雨污水、廊内污水交叉问题。为使图纸更加直观，规划西 1 号线综合管廊在设计过程中全程采用 BIM 方式（图 7-8）。直观感受各管线交叉、碰撞等问题（图 7-9），在设计各个阶段从数据层、模型层和功能应用层对设计质量进行严格把关，保证试点项目设计质量。

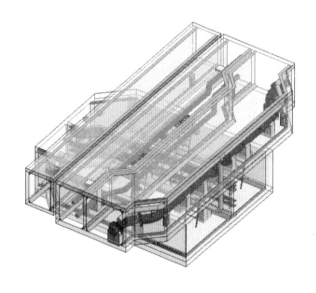

图 7-8　设计过程中 BIM 应用

2. 燃气、污水管线入廊，设计难点多

天然气管线进入综合管廊有安全方面的隐患，通过采取科学的技术措施可解决燃

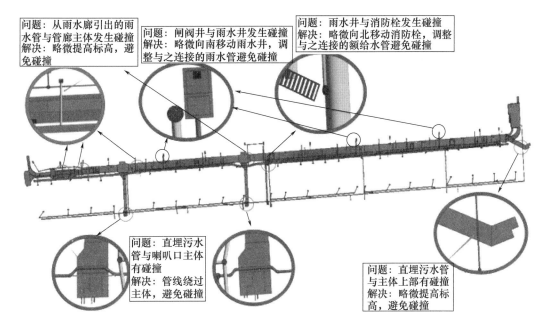

问题：从雨水廊引出的雨水管与管廊主体发生碰撞
解决：略微提高标高，避免碰撞

问题：闸阀井与雨水井发生碰撞
解决：略微向南移动雨水井，调整与之连接的雨水管避免碰撞

问题：雨水井与消防栓发生碰撞
解决：略微向北移动消防栓，调整与之连接的额给水管避免碰撞

问题：直埋污水管与喇叭口主体有碰撞
解决：管线绕过主体，避免碰撞

问题：直埋污水管与主体上部有碰撞
解决：略微提高标高，避免碰撞

图 7-9　BIM 应用检查管线碰撞等问题

气管道的安全问题。天然气管线是可以直接进入综合管廊的，但竣工验收难，燃气属于易燃易爆品，竣工后消防验收相当麻烦，并且目前还没有关于管廊内燃气的验收规范可以支撑。此外，增加的工程投资对运行管理和日常维护也提出了更高的要求。

在设计过程中与《城镇燃气设计规范》《城镇燃气输配工程施工及验收规范》等相关规范编制单位以及燃气管线权属单位对接，可以落实燃气入廊问题，提高燃气入廊安全性。

污水管线入廊存在四大难点：重力流排放需求、支管接驳需求、廊内通风需求及管道清通需求。

规划西 1 号线通过调整管廊坡度及廊内支墩高度，保证污水重力排放要求，不会额外增加管廊埋深及下游污水管网系统标高。为保证与街区污水支管及直埋污水管的接驳，在直埋污水管接入管廊之前设置闸槽井（图 7-10），拦截大块杂质，控制进入廊内水量，防止廊内管廊堵塞，方便管道检修。污水舱室每个防火分区分别设置 1 个机械进风口（兼补风口）、1 个机械排风（兼排烟口），每个风口处设电动防烟防火调节阀，平时常开，采用机械进排风的通风方式。正常通风换气次数按 6 次 / 小时计算，事故通风换气次数按 12 次 / 小时计算，加强通风可避免爆炸气体的积累。

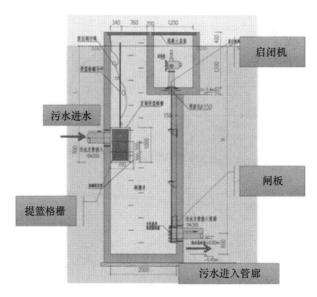

图 7-10　污水支管接驳方案

3. 检修车入廊，车辆进出方式研究

为方便廊内管道后期更换维修，给水、热力舱室设置检修车入廊（图 7-11）。检修车出入口方案、与监控中心结合方式、车道与管廊衔接等内容逐一进行深入研究。

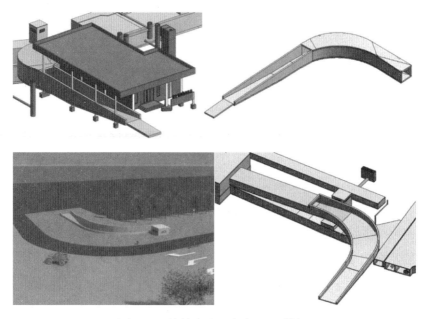

图 7-11　检修车出入方案 BIM 模拟

7.2.2 威海市综合管廊建设概况

以城市结构布局为核心，围绕市政公用管线对规划区综合管廊进行合理和优化配置，建成高效的综合管廊系统，推动区域开发建设进程，使城市道路下部空间得到利用，全力打造具超前性、综合实用性的国内一流管廊系统。

威海市管廊国家试点项目，包含金鸡路、松涧路、海安路等11个管廊项目，建设长度共计33.23km，总投资30.41亿元。2019年11月，所有项目顺利通过住房城乡建设部验收，取得了第5名的好成绩。

项目实施过程中存在以下重点难点：山体、丘陵、盐田多种地质并存，设计情况复杂，山体段、过河段、滨海段、黑松林景观保护带等情况均有涉及；作为国家试点项目，技术水平要求高；综合管廊要先于道路、景观、河道等项目建设，需协调好道路与管廊、管廊与河流沟渠、管廊与现状管线以及管廊与入廊管线等之间的关系。

1. 特色案例一：大断面顶管方案

在穿越障碍区域无法采用开挖施工时，工程采用了外径尺寸4.72m的混凝土专用管，这属于当时全国最大断面顶推综合管廊尺寸。专用管节在工厂里预制，每2m一节，节间防水成为难点。设计过程中在混凝土管内侧设置齿块、塑料管、注浆管，齿块与混凝土管同步预制并进行施工，齿块内部预留塑料管，管内穿拉钢绞线，通过张拉钢绞线在管间设置拉力实现密封。顶管施工完成后进行注浆堵缝，可以达到防水的效果，同时可以防止顶管完成顶推力撤去后缝隙回弹变大而引起的管节渗漏。

非开挖施工区间段连续，综合管廊附属的逃生、通风等功能节点无法在区间段进行实施，因此管廊附属功能的实现成为技术难点。在施工过程中，顶进区间200m，两端设置工作井与接收井，恰好管廊通风口、逃生口、吊装口等孔口基本也是200m设置一处。故将顶管完成后的工作井、接收井进行功能拓展，既利用了原有的施工井，减少投资浪费，又兼顾了通风、吊装、逃生及人员出入口功能，这也形成了综合功能井的设计方法。

项目的研发为暗挖施工综合管廊解决了区间段、集中功能节点设置问题，为穿越障碍区域施工提供了更为合理的施工方式，实现了综合管廊建设与原始地貌保护双赢（图7-12）。

2. 特色案例二：打破常规上下两层出线方式

在逍遥大道管廊设计过程中，因受现状热力管道及雨水暗渠限制，在出线井位置无法采用常规双层出线方式。项目创造性提出了同层平交的出线方式，即将顶板局部加高、底板同步降低，最终以单层的形式解决了管线出线与地块衔接的问题（图7-13）。

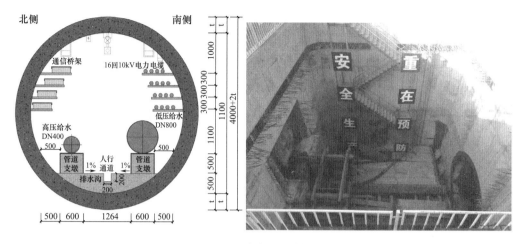

图 7-12 大断面顶管方案

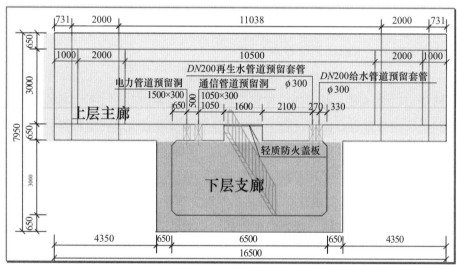

常规双层出线方式

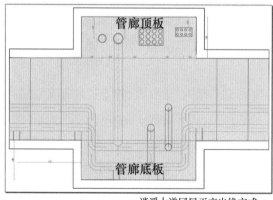

逍遥大道同层平交出线方式

图 7-13 同层平交出线方式

3. 特色案例三：突破常规入廊管线种类限制

威海市燃气舱采用预制断面，断面净尺寸 2m×2.4m，后期该断面应用于整个金鸡路燃气舱、成大路电力舱等，预制断面总长度达到 15km（图 7-14）。

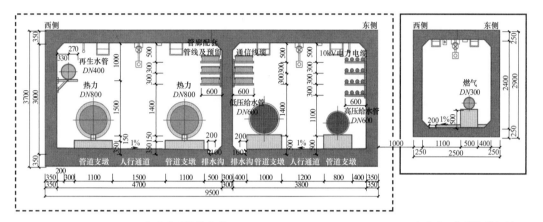

(a)金鸡路现状综合舱　　　　　　　　　　(b)金鸡路后期增加燃气舱

图 7-14 预制断面燃气舱

 ## 7.2.3 蓝谷核心区综合管廊建设工程

青岛蓝色硅谷核心区建设是国家海洋经济发展的重点，同时也是青岛未来发展的主要支撑点。按照国家批准的山东半岛蓝色经济区发展规划，要以青岛为龙头，建设全国重要的海洋高端技术产业基地和具有国家先进水平的高端海洋产业集聚区。

作为一座以建设中国蓝色硅谷和海洋科技新城为目标的现代化新城，结合实际建设情况，在核心区建设实施综合管廊，为青岛蓝色硅谷核心区地块及项目提供市政管线配套服务，可为核心区的持续健康快速发展提供强有力的基础设施保障，具有重要的作用和意义。

根据《青岛蓝色硅谷核心区地下综合管廊专项规划》（在编），蓝色硅谷核心区规划建设共综合管廊105.6km，其中干线综合管廊30.2km、支线综合管廊26.0km，同时规划缆线管廊40.3km。在青岛蓝色硅谷核心区南北区域分别设置一处监控中心。北部区域监控中心位于蓝谷路与大田路交叉处，南部区域监控中心位于蓝谷路、山大南路及滨海大道围合区域。

目前，青岛蓝色硅谷核心区已建或在建的综合管廊工程包括山大南路（滨海大道至山大东路）综合管廊、山大东路（规划环路至滨海大道）综合管廊、蓝谷路（鹤山路至规划九号线）综合管廊及滨海大道（尼姑山路至新民河）综合管廊等，长度约8.75km，现已初具规格，即将投入使用。上述管廊工程均被列为2016年国家综合管廊建设试点城市建设试点项目（图7-15）。

图7-15 蓝色硅谷核心区管廊位置示意

1. 山大南路综合管廊建设工程

（1）工程概况

山大南路综合管廊西起现滨海公路，东至规划山大东路，沿线与滨海公路、凤凰山路等路交叉，全长约1.6km。综合管廊采用单舱形式，断面净尺寸为$B \times H = 3.4m \times 3.0m$。入廊管线包括电力、通信、给水、再生水等，各专业管线容量为：*DN*500 给水、*DN*300 再生水、10 孔通信、12 回 10kV 及 3 回 110kV 电力（图 7-16）。

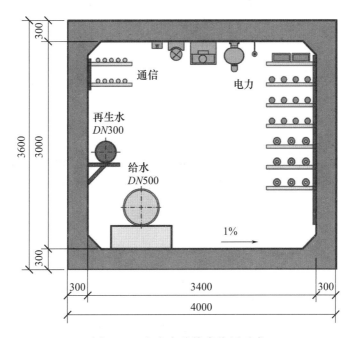

图 7-16   山大南路管廊位置示意

山大南路蓝谷核心区建设的第一条综合管廊项目，配合山东大学青岛校区建设，高标准地填补完善了区域市政配套设施。

（2）设计概况及特点

山大南路综合管廊北侧紧邻山大青岛校区，后期连接区域监控中心，作为示范段的一部分，管廊断面尺寸等均按照较高标准建设，如中间通道采用 1.2m 净宽。

管廊位置选择布置于北侧，靠近主要用户；充分考虑道路方案，出地面孔口通过管廊平面局部调整，布置于绿化带内，避免设置夹层（图 7-17）。

协调管廊与其他专业管线的平面、竖向关系，进行合理避让。

该段管廊采用预留过路支廊及直埋套管的方式实现出线，与周边专业管线进行衔接（图 7-18）。

2.山大东路综合管廊建设工程

（1）工程概况

山大东路综合管廊北侧紧邻山大青岛校区，西侧濒临鳌山湾。北起现滨海公路，南至环湾路，沿线与山大北路、沙滩一路、大任河南二路等路相交，全长约 3.5km。综合管廊采用单舱形式，断面净尺寸为 $B \times H$=3.3m × 3.0m。入廊管线包括电力、通信、给水、再生水等，各专业管线容量为：DN400 给水、DN300 再生水、10 孔通信、12 回 10kV 及 3 回 110kV 电力（图 7-19）。

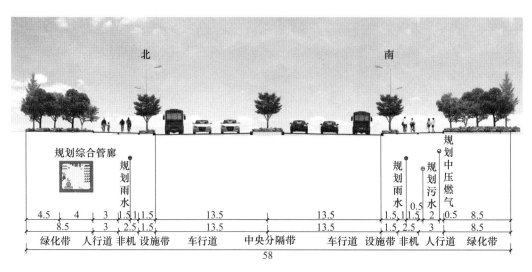

图 7-17　山大南路管廊位置示意

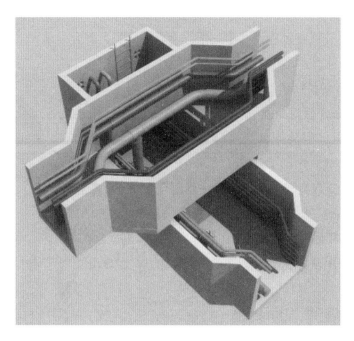

图 7-18　支线管廊出线示意

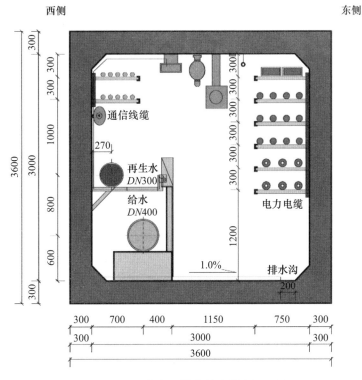

图 7-19　山大东路综合管廊横断面示意

（2）设计概况及特点

该段管廊与山大南路类似，管廊位置选择布置于西侧，靠近主要用户；充分考虑道路方案，出地面孔口通过管廊平面局部调整，布置于绿化带内，避免设置夹层（图 7-20）。

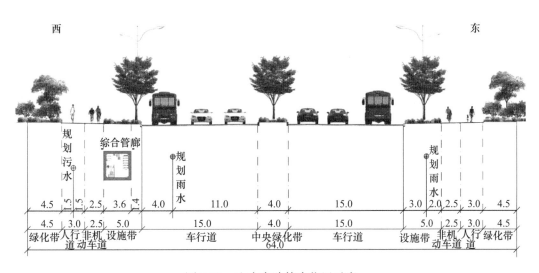

图 7-20　山大东路管廊位置示意

该段管廊往西出线需求较小，采用预留直埋套管的方式实现出线，与周边专业管线进行衔接。

该段管廊紧邻鳌山湾，部分位置位于现有虾池，结构设计充分考虑地下水的影响，采取了加强防水措施及防腐蚀材料，如图 7-21 所示，施工中也采取了拉伸钢板桩支护等措施。

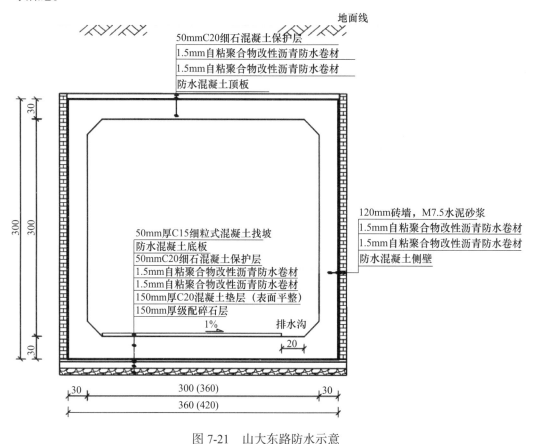

图 7-21　山大东路防水示意

工程位于滨海区域，结合地勘资料，管廊基础落于第 1 层杂填土层、第 6 层粉质黏土层等，地基承载力不满足设计要求，需进行地基处理。处理方式采用抛石挤淤，抛石厚度暂定 1.3m，抛石顶加铺 20cm 厚碎石找平层（图 7-22）。处理后的地基承载力要求不小于 150kPa。

3. 硅谷大道综合管廊建设工程

（1）工程概况

硅谷大道综合管廊南起现鹤山路，北至规划九号线，沿线与水泊社区南路交叉，全长约 0.8km。综合管廊采用三舱形式，断面净尺寸为 $B \times H$=9.5m × 3.0m。入廊管线包括电力、通信、热力、燃气、给水、再生水 6 种管线。各专业管线容量为：24 回路 10kV、4 回路 110kV 电力，10 孔通信，$DN300$ 热力，$DN400$ 中压、$DN400$ 次高压两条天然气，$DN300$、$DN600$ 两条给水管道，$DN300$ 再生水（图 7-23）。

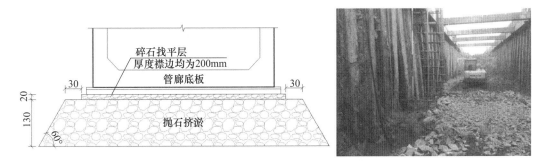

图 7–22　基础换填处理

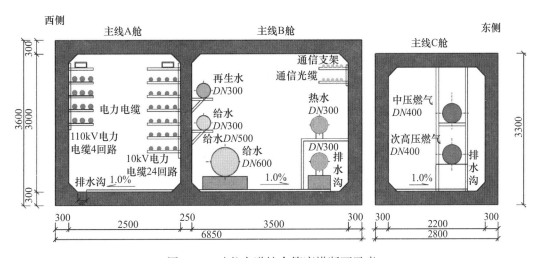

图 7-23　硅谷大道综合管廊横断面示意

（2）设计概况及特点

该段管廊位置选择布置于西侧人行道、绿篱及绿化带下，充分考虑道路方案，局部设置夹层，满足出地面孔口的设置要求。

该工程为蓝谷核心区内首条燃气入廊的综合管廊，燃气设置独立舱室，采取特殊材料及处理方法。比如在结构方面，独立舱室，独立结构，表面采用不发火细石混凝土；在通风方面，电力舱及水热信舱采用自然进风、机械排风的通风系统，燃气舱采用机械进风、机械排风通风系统，风机采用防爆型风机，保持与其他孔口的安全间距；在排水方面，采用防爆电机排水泵独立排水。

综合管廊出线井、I/O 站等特殊节点及夹层设置较多，工艺及结构设计复杂（图 7-24）。多舱室双层出线井示意如图 7-25 所示。

图 7-24　通风孔口夹层示意

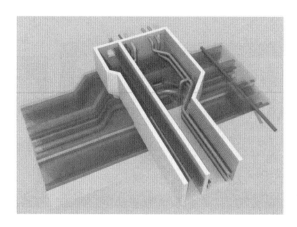

图 7-25　多舱室双层出线井示意

当现场条件复杂、影响因素多时，如西侧紧邻轻轨、地质条件差、地下水位高等，应综合考虑沟槽开挖、支护方案，保证工程顺利实施（图 7-26）。

4. 蓝谷南部监控中心建设工程

（1）工程概况

结合青岛蓝色硅谷核心区内综合管廊建设的实际情况，亟需建设综合管廊监控中心，以保证管廊建成后的正常运营维护；同步建设综合管廊示范段，作为管廊建设成果的展示平台，同时连接在建的山大南路及滨海大道管廊，形成局部连通系统。

该工程为综合管廊南部主监控中心，占地面积约 2660m²。本监控中心的建设不但满足现有已建成 8.75km 综合管廊运维管理工作的需要，同时考虑满足蓝谷后期

图 7-26   管廊与地铁关系、支护措施示意

规划建设管廊的扩容需求，即作为整个蓝谷区域 105.6km 综合管廊的主监控中心。作为蓝谷核心区地下综合管廊运维管理的主要数据汇聚、人员办公场所，各环控、安防、消防、通信子系统的服务器端、存储端均部署在南部监控中心，在此部署综合管廊统一管理平台，进行信息化管理维护。后期建设的北部监控中心可作为南部监控中心的分控中心，通过内部光纤环网进行数据同步共享，部署统一管理平台客户端，进行数据展示和日常运维工作，方便北部管廊巡检、维护、维修等工作调度安排。

（2）设计概况及特点

综合管廊监控中心是整个综合管廊的指挥大脑，是综合管廊运营维护管理工作开展和突发应急调度指挥的办公场所，是确保各个设备和子系统的互联互通、数据交互、数据存储、策略触发、数据挖掘及业务运营和管理的关键。其主要功能包括：项目范围内综合管廊的本体、附属设施及监控中心实施有效的监控与维护；对项目范围内综合管廊的安全保护区与安全控制区实施监控与巡查；协调、监督、管控项目范围内非管廊运营单位的入廊作业与活动，并提供必要的协助；建立健全综合管廊安全生产管理体系，制订应急预案，定期组织安全培训与应急演练；建立健全与项目范围内综合管廊运行安全相关单位的沟通协作机制；及时发现、判定、控制、处置项目范围内综合管廊的危险源与安全隐患，必要时与相关单位协同处理；突发事件发生时，按应急预案快速响应、积极处置，及时与干系单位通报信息及协作处置；对项目范围内综合管廊的各项设施设备实施全过程信息记录；对项目范围内综合管廊的各类事件实施全过程信息记录；建立健全综合管廊信息安全保障机制与档案管理制度；与上级管理系统对接等。

根据整体功能需求，监控中心划分为如下几个区：运营监控区即负责运营监控、操作、调度和指挥的区域，是围绕运维监控、消防监控、应急指挥设置的配套功能区；巡检维修区是指负责各系统中央级设备、各类机电设备维护和维修的工作区域,该区域应满足巡检、维修、养护工作的功能要求;应急保障区是指负责存放各类应急物资的区域,该区域应满足保障应急通信、应急处置的要求;运营管理区是负责运维管理、人力行政管理、入廊管线管理的区域,该区域应满足运维人员、行政人员及管线单位工作人员办公的要求;建筑配套区是指为监控中心设置的各种保障设备区和公共区域。

监控中心位于蓝谷路与滨海大道交会处,平行于蓝谷路布置,出入口设置于滨海大道,地块内部设置环形消防车道,车道宽度不小于4m,转弯半径为9m。整体为地上一层、地下一层建筑,总建筑面积为505m² (图7-27)。

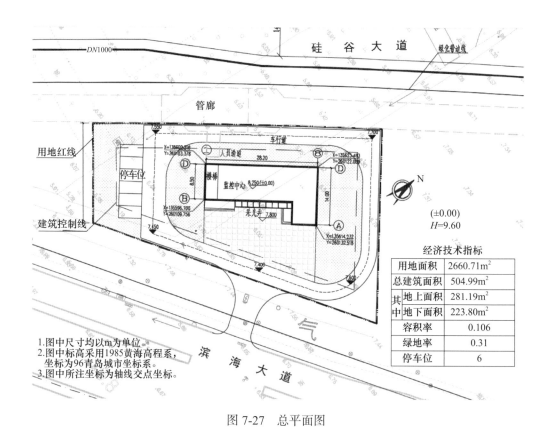

经济技术指标	
用地面积	2660.71m²
总建筑面积	504.99m²
其中 地上面积	281.19m²
其中 地下面积	223.80m²
容积率	0.106
绿地率	0.31
停车位	6

1.图中尺寸均以m为单位。
2.图中标高采用1985黄海高程系,坐标为96青岛城市坐标系。
3.图中所注坐标为轴线交点坐标。

图 7-27 总平面图

监控中心立面以白色干挂石材为主,辅以褐色及黄色木纹涂料,整体建筑庄重又不失现代感,外窗为深灰色窗框透明玻璃窗 (图7-28)。

该工程采用预留地下通道直通蓝谷路综合管廊及监控中心地下室的方式,实现管廊与监控中心的连接。连接通道的尺寸应满足人员日常检修及参观通行的要求,通道覆土厚度需满足直埋管线敷设及绿化带种植的要求。

图 7-28　监控中心效果图

7.2.4　同安路（辽阳东路—张村河南岸）综合管廊建设工程

1. 工程概况

根据《青岛地下综合管廊专项规划》（2016—2030 年），崂山区张村河两岸规划有综合管廊四条，分别位于长沙路、合肥路、科苑经五路、新博路。根据《青岛市轨道交通条例》，合肥路路口范围内，地铁主体结构外边线 50m 范围内，管廊及附属设施需要与地铁同步实施（图 7-29）。同安路综合管廊实施地铁影响范围内的管廊土建工程，需预留后期安装的土建条件（图 7-30）。

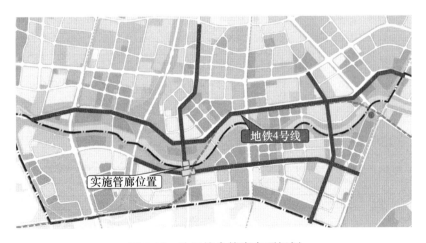

图 7-29　片区综合管廊专项规划

图 7-30 同安路综合管廊实施范围

2. 设计概况及特点

入廊管线包括电力、通信、燃气、热力、给水、再生水，共计 6 种管线，与青岛市管廊专项规划一致。同安路综合管廊横断面和合肥路综合管廊横断面示意如图 7-31和图 7-32 所示。

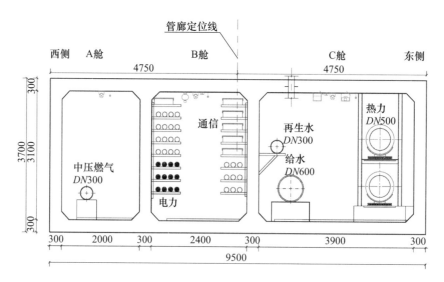

图 7-31 同安路综合管廊横断面

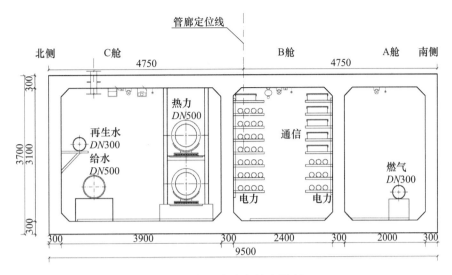

图 7-32 合肥路综合管廊横断面

管廊位置选择应注意以下几点:

(1)宜布置在对管线需求量大的一侧;

(2)减少综合管廊与其他管线交叉;

(3)吊装口、通风口、出入口等设施与道路景观相结合;

(4)两侧有绿化带时,管廊布置在绿化带。

同安路综合管廊和合肥路综合管廊位置示意如图 7-33 和图 7-34 所示。

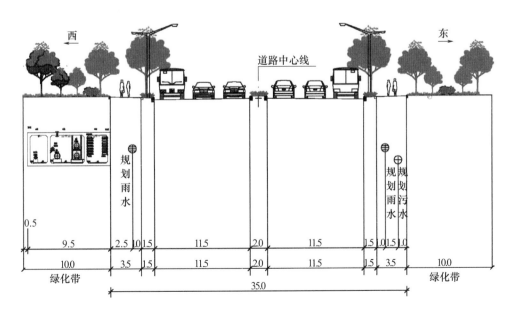

图 7-33 同安路综合管廊位置示意

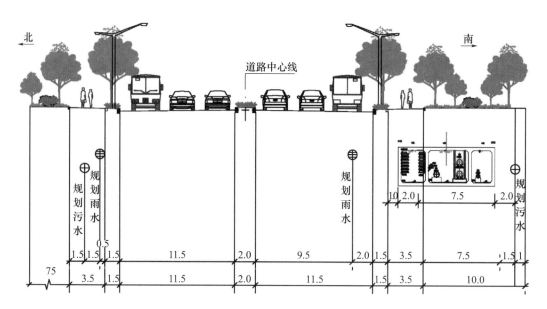

图 7-34 合肥路综合管廊位置示意

管廊平面设计应注意以下几点：

（1）管廊平面线形与规划道路一致；

（2）综合管廊转弯处最小转弯半径满足综合管廊内各种管线的转弯半径要求；

（3）为工程沿线相交路口预留出线井，实现专业管线出线，满足地块需求及与周边道路管线的衔接；

（4）管廊每隔 200m 设置防火分区；

（5）电力、水舱采用自然进风与机械排风相组合的方式进行管廊通风，燃气舱采用机械进风、机械排风的方式。

管廊纵断面设计应注意以下几点：

（1）管廊纵断面坡度按照 0.25%~10% 控制，其中过地铁段坡度为 27.56%，与地铁净距控制为不小于 0.5m（图 7-35）；

（2）标准段综合管廊的覆土深度按照 2.0m 控制，综合管廊最大埋深约 10m；

（3）管廊竖向应结合道路纵断设计、雨污水管线高程、绿化要求等综合考虑后确定。

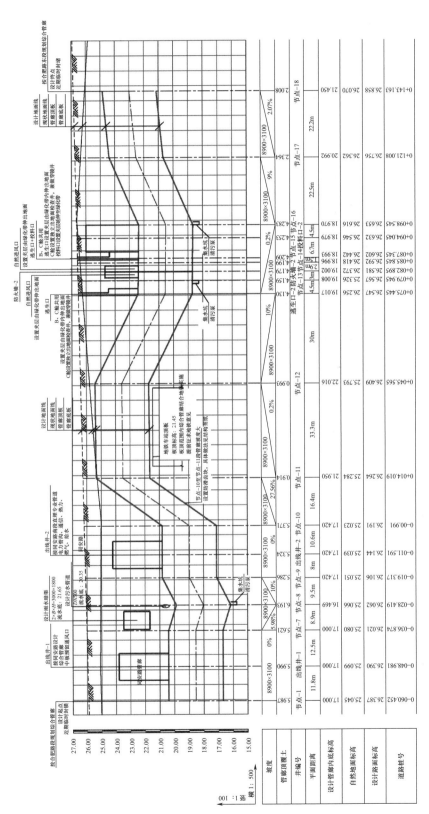

图 7-35　合肥路综合管廊纵断与地铁关系示意

通风、防排烟应注意事项：

对于电信舱、水舱，每个防火分区设置自然进风兼补风口和机械排风兼排烟口。每个风口处设电动防烟防火调节阀，平时常开，采用自然进风、机械排风的通风方式。排烟风机选用高温双速混流式排烟风机，排烟风机装于廊顶与地面之间的井室内（图7-36）。

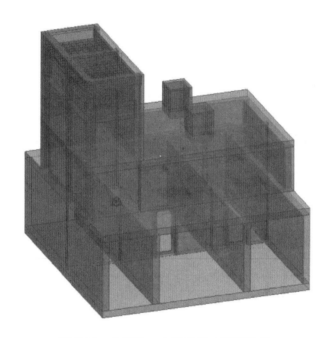

图7-36 电信舱、水舱通风口模型示意

对于天然气舱室，采用机械进风、机械排风的通风方式。天然气管道舱室进风风机及排烟风机选用防爆型高温双速混流式排烟风机。天然气管道舱室的排风口与其他舱室排风口、进风口、人员出入口以及周边建（构）筑物口距离不小于10m。天然气管道舱室的各类孔口不得与其他舱室连通，并应设置明显的安全警示标识。

孔口合建应注意事项：

同安路管廊舱室多，入廊容量大，地面孔口多，且管廊部分位于车行道下，建设空间受限。工程结合总体方案、道路设计情况，统筹考虑将I/O站、通风、逃生口及投料口等多种孔口进行优化组合，极大地减小了出地面的孔口数量，保证了工程的正常实施和后期使用（图7-37）。

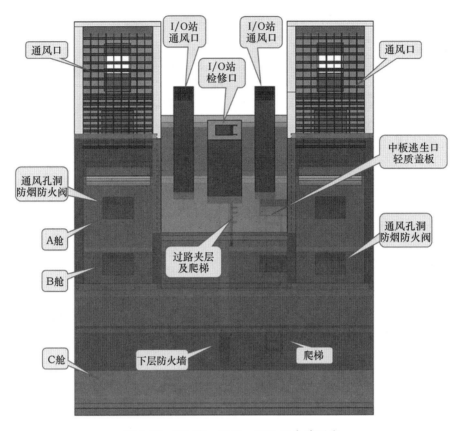

图 7-37　I/O 站、通风、逃生口合建示意

7.2.5　合肥路（青银高速—科技园八路）四舱综合管廊

1. 项目背景

张村河 220kV 电力下地与合肥路及蜀山路管廊同步实施，为架空线入地提供最快入地时间。由滨河公园改至市政路，释放张村河滨河公园占地，景观效果更具营造空间。崂山区首条四舱管廊，匹配合肥路主路管线通道载体功能。

四舱综合管廊建设极大地释放土地，并缩短工期，投资节省约 4000 万元。串联李山站与午山站，为崂山区电力下地拉手青银东侧、合肥路西侧及枣山路隧道，保障供电安全，同时利用同安路现状管廊，跨越建成地铁 4 号线，解决向东穿越地铁难题，提供了极大的便利（图 7-38）。

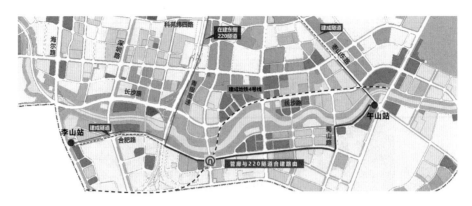

图 7-38 青银高速东西两侧 220 下地布局

2. 管廊总体方案设计

合肥路（青银高速—科技园八路）道路南侧布置污水、四舱综合管廊，道路北侧布置雨污水、给水、燃气管线，管线横断面如图 7-39 所示，其中四舱综合管廊位于岛路南侧绿化带、人行道及车行道下。

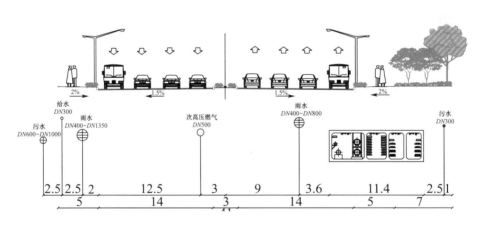

图 7-39 合肥路标准管线横断面示意

本次合肥路管廊采用四舱横断面形式，根据相关专业管线规划、建设单位意见及专业管线单位意见，确定管廊断面如图 7-40 所示，局部节点模型如图 7-41 所示。

3. 节点设计

（1）同安路节点

同安路与合肥路交叉口处，沿合肥路方向已敷设三舱综合管廊过同安路路口。本次四舱管廊建设，借助现三舱综合管廊过地铁（已运行地铁 4 号线），如图 7-42 所示。

该节点实施主要依据规划及产权单位意见，合肥路燃气管线不再入廊敷设，利用现燃气舱室改造为 220 舱室。同时，为满足 220 双舱需求，现电信舱改造为 220 舱室，电压电力通信在同安路路口处提前出线，直埋过路（图 7-43）。

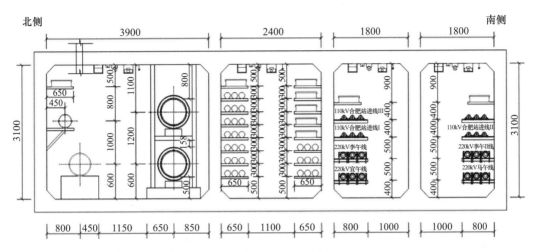

图 7-40　合肥路（青银高速—科技园八路）管廊断面示意

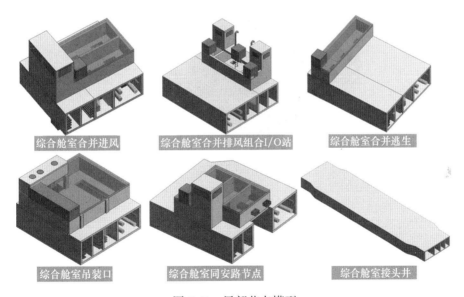

图 7-41　局部节点模型

（2）瑶海路节点

瑶海路与合肥路交叉口处，沿合肥路方向已敷设三舱综合管廊过瑶海路口。本次四舱管廊建设，借助现三舱综合管廊贯通合肥路综合管廊舱室。

该节点实施主要依据规划及产权单位意见，合肥路燃气管线不再入廊敷设，利用现燃气舱室改造为 220 舱室。同时，为满足 220 双舱需求，现电信舱改造为 220 舱室，电压电力通信在瑶海路路口处提前出线，直埋过路（图 7-44）。由于现瑶海路（沿合肥路方向）综合管廊净高为 2.6m，设计四舱综合管廊净高为 3.0m，新旧管廊衔接不仅满足宽度渐变要求，还满足高度渐变需求。

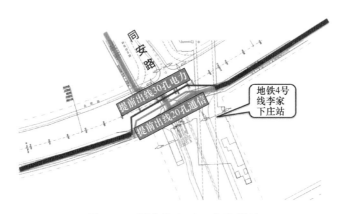

图 7-42 同安路交叉口方案设计

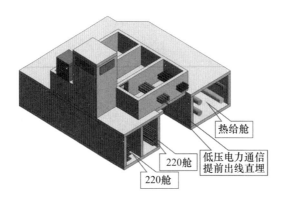

图 7-43 同安路交叉口节点模型

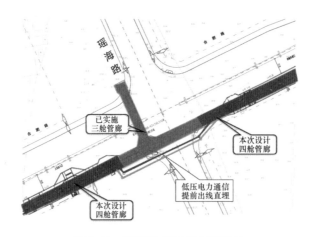

图 7-44 瑶海路交叉口方案设计

7.2.6 安顺路（衡阳路—仙山路）综合管廊建设 工程

1. 项目概况

安顺路综合管廊为《青岛市地下综合管廊专项规划》（2016—2030年）中青岛市东岸城区北部区域"口"字形管廊的一边，规划综合管廊建设范围南起汾阳路，北至仙山路，全长 5.6km（图 7-45）。

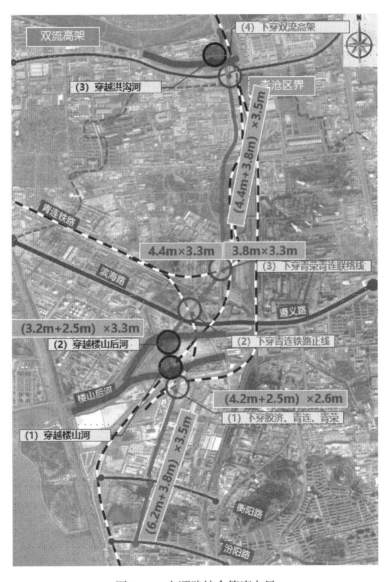

图 7-45 安顺路综合管廊布局

汾阳路至衡阳路段综合管廊已于 2019 年建成投入使用，长度为 0.8km，该段综合管廊采用四舱室形式，综合管廊标准断面为 $B \times H$=6.2m×3.5m+3.6m×3.5m+1.9m×2.9m+1.9m×2.4m（内尺寸），电力、通信、给水、供热、再生水、燃气、污水等管道入廊敷设，该段综合管廊工程投资约为 0.94 亿元。

衡阳路至仙山路段拟建综合管廊长度 4.8km，采用两舱室形式，综合管廊标准断面为 $B \times H$=6.2\4.4m×3.5m+3.8m×3.5m（内尺寸），电力、通信、给水、供热、再生水等管道入廊敷设，该段综合管廊工程投资约为 6.12 亿元。

2. 管廊总体方案设计

根据安顺路道路规划、周边地块规划及各专业管线规划情况，按照综合管廊的设置原则及相关要求，安顺路主线综合管廊主要沿安顺路两侧绿化带敷设，东西两侧车行道同时布置雨水管线，车行道布置污水管线（图 7-46）。

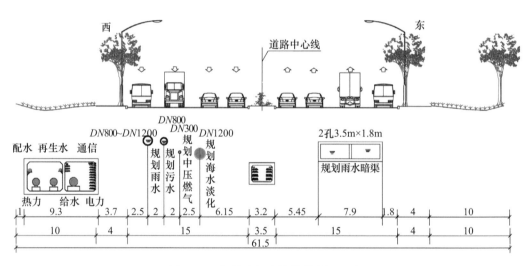

图 7-46　安顺路标准管线横断面示意

主线管廊平面南起衡阳路，北至仙山路。根据管网综合，安顺路主线综合管廊主要位于道路西侧人行道、绿化带内。安顺路（衡阳路—规划六号线）综合管廊供热舱、供水舱及电力、通信、给水舱共同定位线距离道路中心线 23.55m，线形与道路平面线形（绿化带边线）基本一致；安顺路（规划六号线—遵义路）穿越铁路河道，位置根据墩柱及河道位置确定，偏离道路主线；安顺路（衡阳路—规划六号线）综合管廊供热舱、供水舱定位线距离道路中心线 25.45m，电力、通信、给水舱定位线距离道路中心线 25.85m，除穿越青连铁路外，线形与道路平面线形（绿化带边线）基本一致；安顺路（衡阳路—规划六号线）综合管廊供热舱、供水舱及电力、通信、给水舱共同定位线距离道路中心线 24.95m，线形与道路平面线形（绿化带边线）基本一致。设计管廊采用直埋出线的方式，详见各专业管线设计图纸。全线管廊总体布置方案如下：

衡阳路至胶济铁路采用单侧双舱管廊，用于敷设电力、通信、给水、再生水、热力等管道。

穿越胶济铁路、青荣铁路、青连铁路及楼山河，热力、淡化海水管道加设套管，给水、电力、通信、再生水管道设置于双舱管廊方案，采用顶管及盾构形式穿越此处节点。

在楼山后河节点仍采用热力、淡化海水加设套管，给水、电力、通信双舱管廊方案，采用直埋形式过河。

楼山后河至青连铁路先期实施段采用双侧单舱管廊。220kV 高压电电力隧道仅规划位置，由电力部门负责实施，不在本工程投资范围内。

先期实施段，预留直埋管线。

先期实施段至仙山路均为单侧两舱综合管廊，用于敷设电力、通信、给水、再生水、热力等管道，220kV 高压电电力隧道仅规划位置，由电力部门负责实施，不在本工程投资范围内。

本次安顺路管廊采用两舱横断面形式，根据相关专业管线规划、建设单位意见及专业管线单位意见，确定管廊断面如图 7-47 所示，局部节点模型如图 7-48 所示。

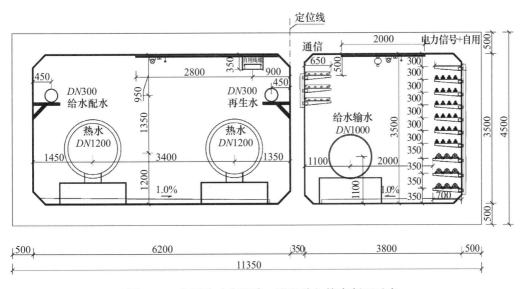

图 7-47　安顺路（衡阳路—遵义路）管廊断面示意

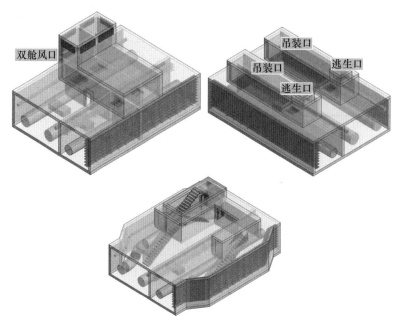

图 7-48　局部节点模型

3. 节点设计

（1）娄山河节点

热力出线后，电力、通信同舱，$DN300$ 给水及再生水在舱内转换，舱内底板齐平，顶板及侧壁顺接（图 7-49）。

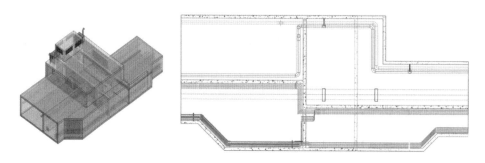

图 7-49　断面转换方案设计

（2）遵义路节点

遵义路与安顺路交叉口处，管廊断面再次发生变化，西侧热力、给水舱室宽度由 6.2m 渐变为 4.4m（图 7-50），且此处为电力管廊及各种管线综合出线（图 7-51 和图 7-52）。

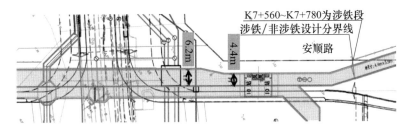

图 7-50　安顺路交叉口方案设计

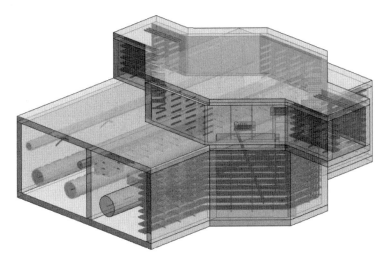

图 7-51　电力"十"字出线井

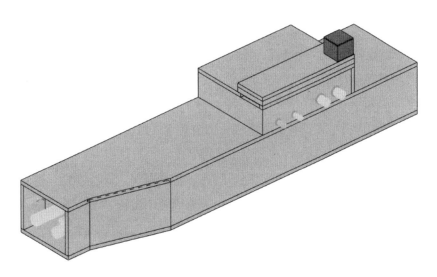

图 7-52　给水、热力管道综合出线井

7.2.7 青岛胶东国际机场

青岛胶东国际机场位于环胶州湾北部核心区域、山东半岛"T"形结构中心位置，是我国重要的区域枢纽机场，也是面向日韩地区的门户机场、环渤海地区的国际航空货运枢纽机场。2021年8月12日零时，伴随着"一夜转场"，机场正式通航。

机场综合管廊是区域市政配套的重要载体，承担对外市政管线输送、对内用户分配的功能。以南六路、南八路、南十路为干线综合管廊，以南三路、南十一路、T2T3联络通道为支线综合管廊，总体呈"齐"字布局的系统结构（图7-53），综合管廊总长约11.9km，总投资约8.7亿元。

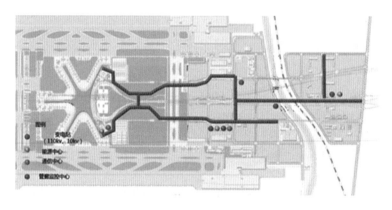

图7-53　综合管廊平面布局

作为国家试点城市的示范项目，青岛胶东机场综合管廊是全国第一个应用于大型国际机场的地下综合管廊工程，先行先试，专业管线均纳入综合管廊敷设，入廊管线种类包括电力、通信、热力、燃气、给水、再生水、污水（雨水结合海绵机场建设）等全部管线，是国内首个真正意义上实现重力流污水入廊、燃气入廊的工程。

1. 工艺创新

从专项规划层面优化调整区域道路、管廊、排水布局，保持管廊、排水坡度方向与道路坡度一致；在不改变原有排水系统、无需设置下游提升泵站前提下，通过创新管廊横断面布置形式和出线井方案，有效解决污水管道入廊进出线问题；在检查井设置方式、防水处理等方面进行了相关探索。

该工艺充分发挥BIM技术中可视化、参数化、关联性、准确性、多专业协同等优势，应用基于Revit平台的BIM技术，全部实现综合管廊标准段、出线井、附属设施、专业管线等三维设计，助力污水入廊的落地实施。

基于区域地质情况、燃气管廊在道路横断面中的位置、顶部荷载变化等影响因素，燃气舱采用独立舱室结构（与主体舱室不共墙），沿线燃气舱与主体舱室变形缝采取错缝设置，可使燃气舱荷载明确、受力清晰，规避了燃气泄漏至相邻舱室的风险。

重力流污水入廊是目前国内普遍面临的难点，不同于缆线入廊和压力管道入廊，污水入廊主要存在以下特点：污水管道埋深受制于排水系统控制，需以一定坡度坡向下游，对管廊横断面、纵断面以及出线井方式均产生较大影响；污水产生的甲烷、硫化氢等有毒有害气体需快速排至廊外，否则会影响养护管理人员健康；检查井设置需满足日常检修和事故工况下快速疏通要求；常规缆线和压力管道在传统出线井中通过弯折完成进出线，而重力流污水管道无法弯折。可见，传统出线井方式已无法满足污水进出线需求。

针对上述难点，通过在上位规划整合、污水管道在管廊中设置位置、出线井形式、日常维护检修解决方案等方面进行系统的研究分析和创新，较好地解决难题。

（1）专项规划整合

各市政专项规划独立完成后，根据确定的管廊路由对相关专项规划进行了整合，实现了市政基础设施与管廊系统直接衔接，将市政专业管线主线敷设于管廊内，充分利用了管廊空间。同时，优化管线综合规划，减少雨水等约束条件与管廊交叉。

雨水、污水管线采用重力流方式，通过系统优化可使雨水、污水管道坡度与道路坡度基本一致，并保持雨水、污水、管廊、道路位置关系相对固定，在上位规划层面为重力流污水入廊创造有利条件。

（2）污水管道在管廊中设置位置

目前，国内常规采用将污水管道布置于管廊底部的横断面形式，这是为了满足管廊与雨水竖向交叉的空间需要，管廊需整体下沉于雨水管道下方通过（图7-54）。本项目若改变原有污水排水系统、增加污水管道埋深、设置中途提升泵站，将大幅度增加工程投资，也失去了污水入廊的意义。

本项目污水入廊、雨水未入廊，优化整合后虽然雨水、污水管道坡度与道路坡度基本一致，并保持雨水、污水、管廊、路面位置关系相对固定，但尚存在廊外相交道路上雨水与管廊交叉避让、廊内污水管道相接等问题。因此，采用污水管道悬吊于污水舱顶板的方法。道路、管廊、污水管道坡度基本一致，管道和管廊相对位置关系可局部微调，方便管道安装。

（3）出线井方式

基于污水管道悬吊于污水舱顶板方案，常规"十"字出线井方式不能解决污水管线出线问题，需提出新的出线井解决方案。

图 7-54　污水管道布置于管廊底部位置关系示意

（4）日常维护检修解决方案

污水管道纳入综合管廊需同步解决检修、养护、通气等系列问题，本项目对检查井设置方案进行了探讨，同时对检查井防水进行了研究。

1）检查井设置

目前，对于廊内污水检查井设置方式的探讨主要有两个方向：

方案一是检查井、清扫口与通气管结合方式，即参照建筑规范要求，仅在污水管道接入处设置检查井，两座检查井中间设置清扫口和通气管，如图 7-55（a）所示。污水管道中沼气等有毒有害气体经通气管及时排至大气中，沿线设置的清扫口满足日常维护需求。

方案二是仅设置检查井方式，即按照现行《室外排水设计规范》要求，依据规范要求间距设置排水检查井，直接与大气连通，便于日常检修、疏通，同时满足管道内部存留通气空间与外界交流功能，如图 7-55（b）所示。

从参考规范方面考虑，综合管廊为市政配套设施研究范畴，方案二适应性更强。

从管廊整体性方面考虑，方案一检查井数量少，通气管和清扫口数量多；方案二检查井数量多，无通气管和清扫口。

从安全、卫生方面考虑，方案一在管廊内部进行检修和疏通，对管廊环境产生影响，管廊空间狭长，通风周期内易产生微量有毒、有害气体停留情况，对养护人员健康有一定影响；方案二检查井孔口全部设置在管廊以外，有利于污水管道内有毒、有害气体与外界空间贯通，方便后期管理与养护。

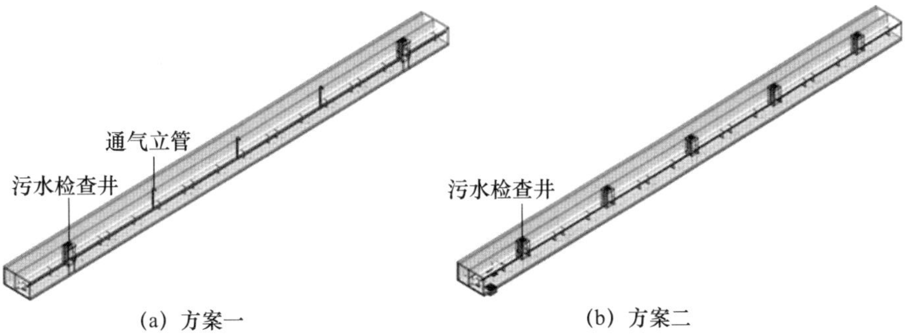

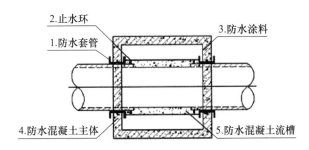

（a）方案一　　　　　　　　　　（b）方案二

图 7-55　污水检查井设置方案

从事故工况方面考虑，方案一采用清扫口的清理方式，易发生冒溢现象；方案二均在管廊以外进行操作，对管廊内部环境无影响。

综合以上分析，宜选用方案二。前期进行了增大污水检查井布置距离、减少设置数量的尝试；经调研设备厂家，并与当地养护管理部门多次沟通后，结合地区目前养护管理习惯，最终采用排水规范要求的检查井设置距离。下一步将在地势坡度较大、管网运行良好、检修概率较低条件下，进行增大检查井布置距离的相关尝试，为地区建设标准或规范的制定提供了依据。

2）检查井防水

本项目构筑三道防水体系。首先，检查井砌筑时在污水管道穿越检查井处采用防水套管；其次，井内流槽砌筑时在管道外圈、流槽内设置止水环，避免管道与流槽接缝处渗水；最后，在检查井内外附加 2mm 厚水泥基渗透结晶防水涂料。同时，检查井主体结构采用 C35 防水混凝土，设计抗渗等级 P8，确立自防水体系。

污水检查井防水平面图和剖面图，如图 7-56 和图 7-57 所示。

图 7-56　污水检查井防水平面图

3）管材、接口

结合工程实际，从使用寿命、抗渗能力、防腐能力、施工难易度及管材价格等方面进行考虑，确定机场综合管廊污水管材采用球磨铸铁材质，这样的材质运行安全可靠，破损率低，施工维修方便、快捷，防腐性能优异。管道接口采用法兰盘，操作方便，密封性可靠。

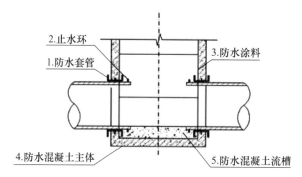

图 7-57　污水检查井防水剖面图

4）附属设施

为降低堵塞风险，本项目采取保障性措施控制检修频率。在舱室外设置污水闸槽井，井内设有提篮格栅，可将市政污水中部分杂物进行截留，减少进入廊内污水管道杂物量；检查井内设有沉泥槽，能够去除部分较大颗粒污染物，进一步提升污水水质，如图 7-58 所示。

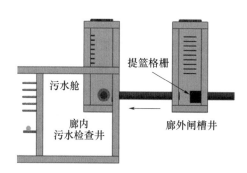

图 7-58　舱室外设置独立污水检查井

为保障综合管廊的安全运营，本项目设置相应的环境检测系统，工作人员掌握廊内实时环境情况，包括温度、湿度以及氧气、硫化氢、甲烷的气体含量，监测报警设置值满足《密闭空间作业职业危害防护规范》（GBZ/T 205—2007）的有关规定。

考虑到管廊内的洁净需求，在管廊内适当位置预留冲洗水龙头，通过柔性软管连接水龙头；冲洗管线或管廊设备维修时产生的污物，通过集水坑收集后统一排放。

2. BIM 技术应用

本项目中，污水、燃气均纳入综合管廊，尤其是污水入廊后对管廊横断面设计、出线井方式均提出了更高要求，出线井内重力流污水管道衔接、专业管线间碰撞检查、集约化的孔口布置方式等均会增大设计难度和复杂程度。不同于传统单舱、双舱断面，污水、燃气入廊后多为三舱、四舱断面，依靠传统的思维方式、绘图手段难以满足相关要求。伴随综合管廊设计更为系统化、专业化，涉及专业门类众多，这就需要更为高效的多专业协作方式。出线井构造复杂、专业管线众多，面临大量的线缆弯折倒弧、管件阀门定位，而传统的设计成果不利于施工识图、材料筹备和后期管线安装。

针对上述设计难点，本项目应用 BIM 理念，在管廊平面、横断面、纵断面、管廊节点、附属工程等方面全部实现三维设计，构建了良好的工作平台，优势显著。在完成常规管廊平面、纵断面设计基础上，基于 Revit 平台，重点进行管廊节点设计，包括出线井、管廊孔口、管道系统、支吊架系统等，并最终完成图纸输出。

在对管廊整体思考后，完成管廊横断面设计，这是后续建模工作的基础，如图 7-59 所示。

通过设置和修改参数的方式完成出线井构造设计，并根据结构形式进行局部微调，如图 7-60 所示。BIM 应用是思维方式的革命，设计人员沉浸式思维更多关注管廊模型的整体性，无需考虑模型中的点、线、面，建模实现参数化。

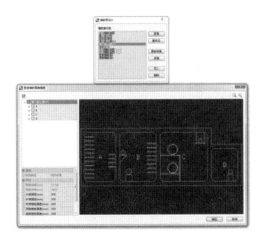

图 7-59 管廊横断面设计

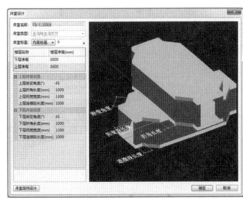

图 7-60 出线井建模

调用综合管廊族库，对逃生口、通风口、投料口、集水坑及其内部附属设备进行选型，如图 7-61 所示。

利用辅助软件，可根据已设定管廊横断面布置形式自动生成管廊内管道和支吊架系统，同时可根据具体管道种类、材质、容量选取适宜的支架、吊架、支墩类型，如图 7-62 所示。在本阶段，相关专业基于同一模型进行专业管线设计，提供了良好的协作平台，有利于项目推进，减少交叉反复。

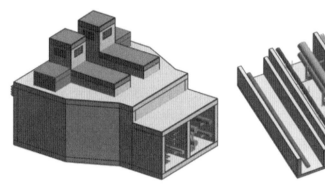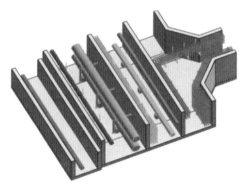

图 7-61　管廊孔口设计　　　　　图 7-62　廊内管道及支吊架系统设计

通过以上设置和选型可以建立出线井的基础模型，后续根据专业管线在弯折、衔接等方面的具体要求，优化调整模型，如图 7-63 所示。本项目利用 Revit 构建的模型能够直观具体反映舱室之间、上下游管线之间的衔接关系，便于优化管廊内部空间。在方案构思和成果展示中高效、易懂，方便施工单位识图。将复杂问题简单化、隐蔽问题表面化，发现问题在图纸中而不是项目建设中。

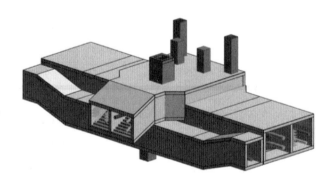

图 7-63　基于 Revit 平台的出线井模型

最后，将三维模型转化为二维图纸输出，如图 7-64 和图 7-65 所示。同时，模型对应图纸，可有效规避人为疏漏，图纸作为末端产品自动随设计而改变，可充分发挥信息化模型效率的优势。

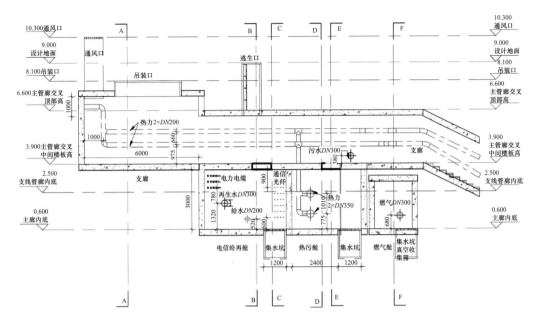

图 7-64　设计信息标注

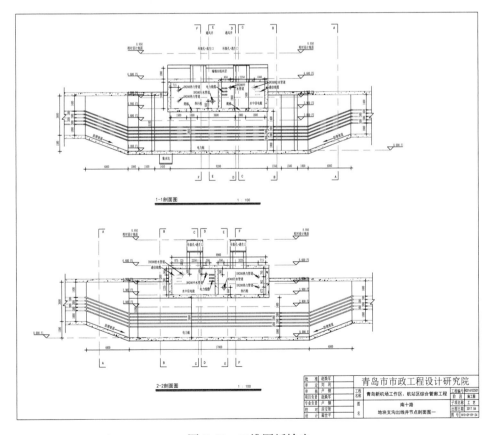

图 7-65　二维图纸输出

3. 运维管理

为便于管理，胶东机场综合管廊将公共区及飞行区进行了平台整合，运用管廊智慧管控平台实现地下管廊内部的环境检测、安防管理、消防预警、管廊运维、报警处置等业务的统一管理（图 7-66）。运维单位 7×24h 值守监控中心，发现问题及时反馈处理，保障机场平稳运行。

图 7-66　机场管廊智慧管控平台

（1）分片管理责任制

综合管廊通过日常管理经验，创新分片责任制与领导带班制相结合，工作分配到组，责任划分到人，实行专人专管，极大地提升了工作效率和工作质量。

（2）管廊防汛管理

为了加强汛期对管廊的保护，在汛期密封处于人行道低洼位置的逃生口，对容易积水的逃生口进行沙袋围挡，防止雨季积水通过井盖渗入管廊。

（3）标识管理

从日常运维实际情况出发，结合胶东机场综合管廊实际情况，于 240 个逃生口和 376 个通风口喷涂管廊路线、舱室、分段标识及管廊运维 24h 服务电话，确保在紧急情况下相关人员能准确分辨路线舱室，并能在第一时间联系到管廊监控中心。

（4）节能降耗管理

响应机场集团节能减排号召，组织专家论证，对管廊内环控设施设置进行优化，去除冗余设施，降低维护费用。科学使用排风机、照明系统，可大大降低管廊运行能耗。

（5）巡检方式创新

由于飞行区管廊单线长度较长，控制区内不允许人员从逃生口进出，为了提高工作效率，快速完成巡检工作，经过多次研究论证，使用自行车作为交通工具，可大大提高工作效率。

（6）维护与管理

利用枯水期，对集水坑进行清淤，同时对排污泵进行维护保养，抓住春冬季非潮湿季节，积极对管廊附属设备设施生锈部位进行除锈刷漆工作，确保管廊设备设施的运行正常。

（7）巡检管理

2021年度累计入廊1488次，总计巡检里程约4000km；共发现问题466项，所有问题及时上报，并进行维修处置和记录填写；对管廊内安全隐患及设计缺陷进行全面排查，提出整改提升建议28条，12条被采纳并实施；累计接待外单位来访717次，均严格按照管理规定办理入廊手续，并安排员工进行监护陪同。

（8）钥匙管理

为严格把控钥匙及门禁卡的使用，制定钥匙管理制度，编制钥匙领用台账，翔实记录钥匙领用及归还情况，购买钥匙管理箱，根据使用位置对钥匙进行编号，严格把关管廊的进出安全。

（9）应急管理

综合管廊累计编制应急预案5项，全年共进行火灾、主体漏水、人员受伤、管线泄漏等应急演练7次。在汛期之前提前储备防汛物资，制订防汛防台预案并开展演练。

7.2.8　王台东一路综合管廊

王台道路提升工程位于青岛市黄岛区，王台新动能产业基地所在区域具有良好的产业基础、自然禀赋和区位优势，是新区北部发展的重要活力源和北部乡村振兴的重要战略支点，亟需加快开发速度，优化开发模式，引入新的体制和机制，实现开发建设的新突破。进军王台是青岛西海岸新区的重大战略举措，对新区实施乡村振兴战略、统筹城乡发展、辐射带动新区北部发展具有重要意义。

1. 城市更新

王台街道现状区域内道路网络已形成，路网密度较高，但路面状况普遍较差，人行道缺失严重，且交通设备、市政管线配套较低，作为新区北部发展的重要活力源和北部乡村振兴的重要战略支点，区域的开发需尽快完善道路路网的建设以及市政配套设施的设置。王台东一路是王台核心片区东部一条城市主干路，道路相交于台中路、王台南路、规划一路、育台路、学台路、环台南路，一期实施道路全长约1.3km，红线宽度36m，道路西侧规划3m绿化带。道路沿线主要规划为工业用地、商业用地、居住用地、文化设施用地、体育用地、医院用地和社会福利用地。

王台东一路综合管廊工程（一期）已经实施，南起环台南路，北至王台南路。根据前期研究结论及相关单位意见，雨水、污水、燃气不纳入综合管廊，入廊管线种类包括电力（110kV、35kV、10kV）、通信、热力、给水、再生水，主线采用双舱结构断面，净断面尺寸 $B \times H$=（2.4+4.0）m × 3.0m。根据管线综合规划及地块配套需求，沿线为相交道路和地块预留管线衔接条件。

结合王台东一路综合管廊工程进行全生命周期 BIM 技术应用拓展，尤其是探索在运维管理方面的应用。应用 BIM 技术将管廊在规划、设计和施工阶段的数据、资料关联至管廊三维模型，并在后期运维管理中实时添加和更新管廊模型相关数据，实现项目从规划、设计、施工到运维的全生命周期管理；应用 GIS 功能实现对地下管廊人员、设备的位置坐标数据的采集、存储、管理、分析和表达，将信息通过多功能基站及时、准确地传输到监控中心并准确反馈至控制系统，实现对通风线路、避灾路线、监测设备、巡检人机坐标等信息的浏览。综合应用 BIM+GIS 技术，结合云计算、大数据、在线仿真、人工智能控制等技术，建立可视化统一管理信息平台，并整合管廊通风、消防、排水、电气等系统，构建以大数据互联互通为基础的高度灵活、信息化、集约化、数字化的城市地下管廊监控平台，最终实现"智慧管廊"的目标。

2. 智慧化运维平台

智慧管廊数字化运维管理平台将管廊的机电设备、业务需求、安全防范、通信管理、环境监视、GIS 定位系统、视频报警联动、作业人员体征监控等纳入统一平台，利用该平台进行采集、监视、控制、管理等，可对各类数据、信息、设备、环境等进行集中监测与控制，实现管控一体化，为地下管廊的业务管理以及安全应急指挥提供决策依据（图 7-67）。

智慧管廊运维平台是面向新型智慧城市的一套复杂技术和应用体系，多门类技术的集成、多源数据的整合和各类平台功能的打通是管廊运维成功的关键要素（图 7-68）。云边协同计算主要通过在网络节点中根据需求统筹部署调度云计算和边缘计算资源，建立虚拟一体化计算资源池，实现从终端到中心的"云-边-端"无缝协同计算。感知终端在采集数据之后，由边缘计算节点进行局部初步处理和快速决策，并将高价值处理数据汇聚到云中心，由云计算做大数据分析挖掘、数据共享开放等处理和分析，优化升级业务规则或算法模型，并下发到边缘侧，由边缘计算基于更新的算法或规则运行计算，更新和升级端侧设备，从而实现完整的自我学习优化的闭环。

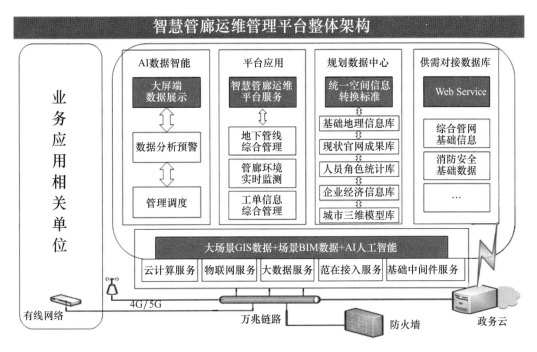

图 7-67 智慧管廊运维管理平台总体架构

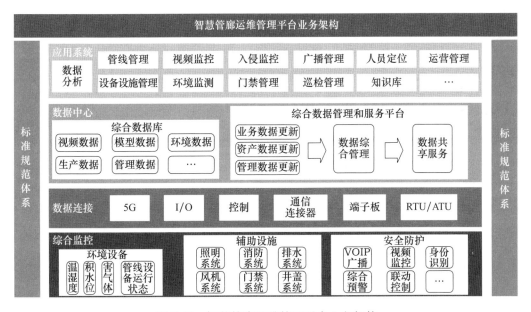

图 7-68 智慧管廊运维管理平台业务架构

平台以 BIM、DIM 核心技术为载体，融合大数据、云计算、数字仿真模拟技术、移动互联网、物联网等多种新一代信息技术，通过对市政管廊、基础设施等全生命周期数据创建、存储、积累，用数据驱动提升管廊资源运用的效率，用工程思维优化管廊管理和服务，实现市政管廊的"数字化、网络化、可视化、智慧化"，打造透明市政管廊生命体。

智慧管廊运维平台以实现管廊管理的"数字化、网络化、可视化、智慧化"为最终目标，在完善、新型、智能基础设施上，以 BIM 技术为载体，融合成熟的 GIS、移动互联网、智能物联网、数字仿真技术、多模态多尺度空间数据智能提取技术、语义化技术、深度学习技术、三维渲染技术等综合应用，打造服务于政府领导、管廊管理人员、各部门应急响应人员、管廊运维人员等全面一体化平台，形成智慧管廊的智能运行中枢，建立健全智慧管廊智慧应用体系。

智慧管廊运维平台总体技术架构分为基础设施层、数据采集层、业务应用层以及用户层四部分（图 7-69）。

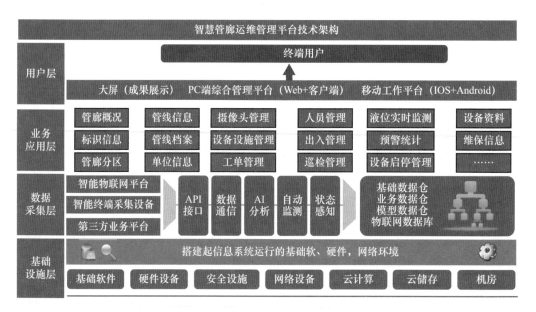

图 7-69　智慧管廊运维管理平台技术架构

（1）基础设施层

基础设施层是运维平台后台系统在使用过程中留存的数据资源，是运维系统赖以运行的基础，涵盖整个运维过程沉淀的业务数据、关联的基本信息及组织架构人员基础数据。

（2）数据采集层

数据采集层主要包括业务实体的数据采集对象、数据采集服务和数据传输服务。业务实体的数据采集对象，主要用以隐藏数据采集的细节和数据库访问的"硬件"语言；数据采集服务和数据传输服务是实现业务实体的数据采集的跨操作系统平台、跨网络平台和跨数据库的保障，其中数据采集服务实现对不同数据库访问进行优化和管理，数据传输服务实现数据传输的跨网络协议，保证传输过程中数据的完整性、安全性和可靠性。该层可确保共享信息采集管理应用系统结构中基础元素——业务实体对象的稳定性。

（3）业务应用层

业务应用层的作用在于集中了系统相关的业务逻辑。该层提供服务于平台用户整个系统的全部功能。用户针对这些功能提出相应的请求，业务应用层根据不同的请求提供不同的服务，并且返回最终的结果。如果说整个平台业务系统是由不同业务链条交织而成的复杂网络，业务应用层所做的工作就是编织这些网线。业务应用层更多关注的是业务功能实体之间的关联，而不是这些实体的实现细节。业务应用层的设计更多是利用业务构件层以及更下层实现的支持，更多着眼于如何组织协调大量的构件级业务实体形成完整的业务过程，从而实现相关的业务功能。

（4）用户层

数据是基础，采集是过程管控，用户层就是对整体数据梳理管控与表现的统一管控。用户层包含整体场景 BIM 建模，场景搭建，模型轻量化，材质、灯光、特效渲染，客户端业务开发，Web 端、移动端业务开发，服务端架设，数据接口对接，硬件设备接口对接，平台集成测试，性能测试，上线试运行，问题修改的全过程。

用户层的另一主要作用在于数据实体应用的管理。具体包括数据生命周期管理、系统性能监控、持久对象管理、负载平衡以及容错等内容。例如通常出于系统事务安全的考虑，不同的请求需要不同的对象进行处理，但是当并发业务服务实体对象超过一定数量时，有可能造成系统的崩溃，这时就需要对业务服务实体对象并发的数量进行限制，从而更加充分地利用现有的资源。然而当系统整体的负荷已经接近警戒阈值时，则应该限制复制的行为，尽可能地采用对象复用的策略。这样既可以维持系统的安全运行，又可以充分地利用资源。类似这样的管理工作主要由用户层来完成。

业务应用层另一个重要作用在于平台表现，包含应用系统表现相关的设计内容，具体分为界面显示和界面控制两个方面。界面显示部分包含平台三维场景界面和简单数据处理部分，负责系统与用户之间的交互。根据应用形式的不同，表现可以是 Web 页面、普通 GUI 应用界面等。界面控制部分负责界面显示与应用层之间的关联。具体来说是将用户的请求交给应用层，由应用层提供相关的服务，并且将最终的结果返回给用户。

智慧管廊运维平台在以上整体架构的基础上，结合了先进的开发技术框架，应用了先进的信息技术。智慧管廊运维平台既包括 B/S 方式，又包括 C/S 方式，基于 SOA 的开发，易于与其他应用系统集成及数据交换。

俗话说，"上医治未病、中医治欲病、下医治已病"，防患于未然才是保证综合管廊百年安全运营的关键。数据时代是预测未来的时代，管廊运营的未来要靠数据的支撑，"智慧管廊数字化运维管理平台"集各系统数据于一体，不仅提高了运维管理效率，而且加强了安全保障、降低了运维成本，其将致力于利用大数据挖掘技术将综合管廊的运维管理推向智慧化管理新高峰。

"智慧管廊数字化运维管理平台"的开发和应用，摒弃了传统运维管理方式的不足，保障了城市管线安全运行，提升了城市基础设施智慧化水平，推动了城市地下综合管廊智慧化发展。因此在未来的管廊建设管理中，引入智慧运维管理系统将成为必然趋势，这会最终提高城市科学化、精细化、智能化管理水平。

7.2.9 鹿泉山前大道管廊

1. 工程概况

石家庄市鹿泉区山前大道，距离鹿泉区政府驻地约 2.1km。山前大道综合管廊建设工程为鹿泉区第一条综合管廊工程，起点为鹿泉一中，终点为石井乡政府，双舱矩形管廊结构设计（水热舱、电舱），全长约为 4.0km（图 7-70）。

图 7-70 山前大道工程位置示意

本工程也是石家庄市 2016 年国家综合管廊试点城市建设的重要组成部分，为该片区远期规划的居住区、商业区、医院、绿地等提供了有效市政管线支持，节约了大量的地上空间，提高了该区域地面使用率。

工程入廊管线包括给水、热力、再生水、电力通信等管线，采用双舱断面，标准断面尺寸（净宽 × 净高）为：水热舱 3.8m×3.3m，电舱 2.0m×3.3m。其中，水热舱内 2 根 DN600 热力管道上下布置，除热力管道外，还敷设给水、再生水管道，电舱敷设 16 孔通信及 16 孔 10kV 电力管线（图 7-71）。

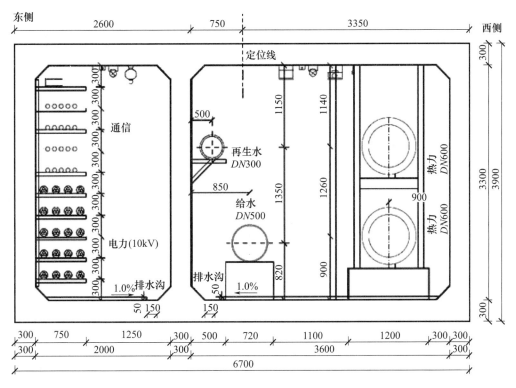

图 7-71　综合管廊断面

2. 设计概况及特点

（1）管廊平面布置

综合管廊的设计范围应包括端头附近交叉路口所在区域，以便于管廊端头处管线引出的施工及管理。结合山前大道道路沿线管线规划，管廊主体全长约 4km，将综合管廊起点设在鹿泉一中，终点设在石井乡政府。管廊平面布置在山前大道道路东侧绿化带下方。

受现变电站及高压线塔影响，在石井 35kV 变电站以南 125m 处，管廊由道路东侧折向道路中央隔离带，在通过变电站后，再恢复到原位。

山前大道综合管廊设置在山前大道东侧绿化带下，综合管廊中线距山前大道红线6m（图7-72）。

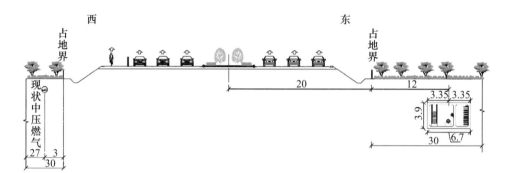

图 7-72　山前大道综合管廊位置示意

道路东侧为绿化带，便于布置综合管廊出地面节点；对道路建设影响较小，便于出地面设施的引出。当管线分支口向道路西侧引出时，需穿过整条道路，分支管长度较长。

（2）纵断面设计

管廊的上部覆土需考虑雨水、污水支管及其他公用管线的穿越因素，合理利用竖向空间，降低整体投资。综合管廊与其他专业管道相交时，综合管廊从管道下方穿越，其埋深应该适当加大，因此综合管廊平均覆土为 3.0~3.5m。

工程范围内综合管廊需穿越三条河流，穿越河流时，管廊进行局部下卧，下卧深度保证管廊顶板距离设计河底不小于 1.0m。

（3）节点设计

1）日常人员出入口

为方便管理及巡检人员出入，在综合管廊适当位置设置人员出入口。自出入口可以进入综合管廊，管廊与地面之间的夹舱内设防火门和防火墙。人员出入口间距应尽量不大于 1km，地面出入口台阶高出设计地面适当高度，防止雨水倒灌进入综合管廊。

2）事故紧急逃生口

为在紧急情况下尽快疏散廊内人员，对综合管廊设置事故紧急逃生口，逃生将结合通风口设置，在通风口内设有爬梯，紧急情况下人员可以由此进入通风井，离开管廊（图7-73）。事故紧急逃生口的设置间距不超过 200m。逃生口位于人行道上时，平时需加盖，保持与路面一致，同时采取防盗措施；逃生口位于绿化带中时，需高出地面 20cm。

3）吊装口

由于综合管廊内的管线敷装是在综合管廊本体土建完成后进行的，因此必须预留安装吊装口，同时吊装口也是今后廊内管线维修、更新的投放口（图7-73）。

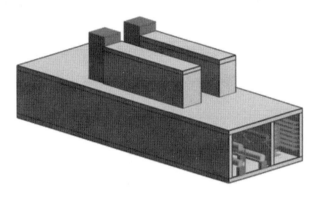

图7-73　逃生口及吊装口示意

在进入鹿泉区山前大道综合管廊的给水、再生水、热力、电力、通信等市政公用管线中，管径最大的是 *DN*600 热力管，吊装口应满足热力管吊装需求。吊装口低于地面 50cm。投料开口用钢盖板／混凝土盖板封堵。吊装口间距不大于 200m。

4）通风口

本综合管廊工程不超过 200m 设置一防火分区。进、排风口基本布置在绿化带中，并根据敷设路段结合道路景观，以城市小品方式设计，与绿化融为一体。综合管廊通风口示意，如图 7-74 所示。

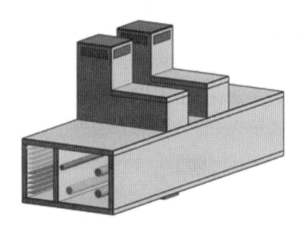

图7-74　综合管廊通风口示意

5）管线分支口

综合管廊引出支管设计重点考虑以下方面：满足沿线市政管线的功能要求；满足

与道路重力流管线及其他地下构筑物的相交要求；避免过路管线敷设的二次开挖。

根据管道出线位置、规模、种类等实际情况，本工程采用以下两种出线相结合的方式。

方式一：供热、供水管线以专业支管廊分别引出；电力、通信以预埋多孔管方式分别引出（图 7-75）。其特点是施工复杂，但与被交道路直埋管线连接方便。

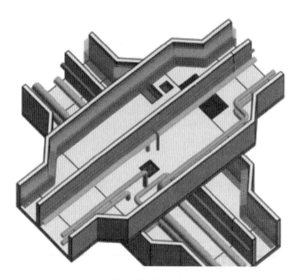

图 7-75　综合管廊支廊出线方式

方式二：各类管线均以直埋管/套管方式引出（图 7-76）。各路口引出的管径及缆线数量根据规划来确定。管线引出后与道路直埋管线相接。其特点是施工方便，可以相对降低工程投资。直埋夹层检查井的设置将出线空间与管廊主线空间进行了分隔，很好地解决了高空安装、维修的操作问题，便于主体防水处理，同时通过空间隔断增加了主廊内管线的安全性。

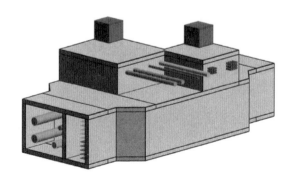

图 7-76　综合管廊直埋出线方式

（4）BIM 技术应用

考虑到项目的复杂性，项目启动阶段即引入 BIM 设计理念，高效、准确地完成了工程设计（总体、特殊节点等），并为后续运营与维护提供了基础模型，使工程有了实质性进展，取得了良好效果。

7.2.10　未来趋势展望

1. 缆线管廊

缆线管廊采用浅埋沟方式建设，用于容纳电力和通信线缆的管廊，在老城区和以强弱电管线为主区域，结合老旧小区改造、城市提升改造、道路建设等契机同步建设缆线管廊（沟），打通管线敷设的"最后一千米"，在满足各入廊管线安全高效运营的基础上，有效杜绝"马路拉链"等现象。

2. 微型管廊

住房城乡建设部倪虹部长指出，高质量发展是建设现代化国家的首要任务，城市更新是推动城市高质量发展的重要手段，重点应从四方面做好城市更新工作：①持续推进老旧小区改造，建设完整社区；②推进城市生命线安全工程建设；③历史街区、历史建筑保护与传承；④推进城市数字化基础设施建设。

老旧小区存在传统直埋管线事故频发，造成人员伤亡、财产损失，影响正常生活秩序的情况，因此消除安全隐患、完善配套设施是老旧小区改造的工作重点；历史街区、历史建筑是城市文脉、市民乡愁，存在修缮不当、建筑新老交替、空间杂乱、架空线林立的情况，"空中蜘蛛网"严重影响老城风貌且有安全隐患。如何活化并利用历史街区，是城市更新的重要部分。

分析老旧小区、历史风貌区更新，旧的不拆、新的乱放、监管缺失、缺少统筹、意外风险、相互制约、扩容不足、"马路拉链"是普遍存在的问题，涉及风貌、交通、能源、环境等各类问题，但居住在其中的百姓对老城更新、解决存在困难、提高生活品质有着迫切的需求和愿望。针对上述难题，综合管廊是解决城市更新中存在的各类问题的处置良方。

常规意义上的综合管廊受限严重，在老旧小区、历史风貌区实施存在挖掘基坑宽、施工场地大、现场道路断面窄、风貌保护要求高等诸多限制，难以落地实施。"微型管廊"的探索与实践是解决上述矛盾的有效手段。微型管廊，采用浅埋沟道方式建设，设有可开启盖板但其内部空间不能满足人员正常通行要求，没有设置消防、通风系统，用于容纳电力电缆、通信电缆、给水管或再生水管、燃气管等管线问题。微型管廊具有断面尺寸小、形式灵活、埋设深度浅、集约化程度高、适应性强、投资节省等特点，根据街区配套需求，将高低压电力、通信、给水、热力集约收纳，周边用户采用分支一体化出线引出，可从根本上解决区域业态升级的市政管线需求，满足道路景观以及城市环境提升的需求，同时满足架空缆线落地及市政管线扩容改造的需求，对历史街区的保护、复兴，提升人居环境，唤醒老城记忆具有重要的建设意义。

（1）总体思路

微型管廊采用工业化建造工艺，使内部空间集约整合，可大幅度减少路面检查井，打造韧性安全的市政设施。老城区现有地下错综复杂，大面积开挖不经济、社会影响不好，因此在城市更新及旧城改造中采用预制微型管廊是个很好的选择。

（2）标准断面

可采用管廊内一侧设置 10kV 电力支架、另一侧设置通信支架，中间设置配水管，同时在 10kV 电力和配水管之间、通信和配水管之间设置一定宽度的通道，通道一是考虑管线设施、管件的空间预留，二是预留人在临时进入时的需求。

（3）布置位置

微型管廊一般布置在人行道两侧、非机动车道、绿化带下方，便于后期进行穿线、检修等操作，不宜在机动车道进行相关操作。微型管廊顶部一般直接为人行道铺装或有限厚度的种植土。

（4）适用性

为提高微型管廊的适用性，需重点考虑微型管廊与其他市政设施的协调性，如微型管廊与人行道、非机动车道的关系、微型管廊与其他管线的关系。微型管廊因其高度原因，对竖向空间有一定的要求，同样市政排水重力流支管也有竖向高程要求。

当高程有矛盾时，遵循压力管线避让重力流管线、易弯曲管线避让不易弯曲管线的原则进行处理。微型管廊的盖板可以兼作人行道或非机动车道的道板。

（5）附属设施及运维

附属设施：人员不能正常通行，仅在各类井内操作，必要时可进入。不设置消防、照明、通风、监控与报警、人防等设施。

穿线、临时抽排水：基本为浅埋式，日常管理操作均在各主要节点的检查井中进行。采用单一节点出线方式，电力、给水、通信均有独立的、互不干扰的出线类型和方式。

事故、大修：微型管廊全线可揭开盖板进行维修。

设置穿线井、单独出线口、综合出线口等孔口设施，集约检查井孔口，减少了约

35%的地面检查井。这样既可以减少市政设施的管理和维护量及井盖缺失、破损等风险，又利于打造韧性安全的市政设施。

（6）微型管廊防水工艺

该工艺埋深约2m，上部开口为可揭盖板，大部分采用预制管节式拼合，如存在大量管节间沉降缝和盖板与"U"形槽接缝，应采取一定防水措施，避免地下水、地表水侵入。例如：

1）地下水位较高的地区采用"U"形槽两个侧面和底面包裹防水卷材的方式；

2）可揭盖板与"U"形槽接缝间采用凹槽+遇水膨胀胶条密封；

3）"U"形槽纵向接缝间采用凹槽+腻子型胶条密封。

附 录

附录1 论 文

[1] 房宝智，卢钢，蔺世平 .BIM 正向设计在综合管廊中的应用 [J]. 工程建设与设计，2019.

[2] 徐海博，姜秀艳，张先贵 . 层次分析法在地下综合管廊规划中的应用——以红岛经济区为例 [J]. 给水排水，2019.

[3] 邴斌，李福宝，胡帅 . 城市综合管廊通风系统设计的探讨 [J]. 中国市政工程，2016.

[4] 李昌科 . 轨道交通工程、快速路与综合管廊结建的可行性探讨 [J]. 城市道桥与防洪，2017.

[5] 于丹，连小英，李晓东，等 . 青岛市华贯路综合管廊的设计要点 [J]. 给水排水，2013.

[6] 徐海博 . 威海市基于衔接和协调各规划的综合管廊规划分析 [J]. 中国给水排水，2018.

[7] 连小英，李富兴，于丹 . 综合管廊在小区建设中的应用 [J]. 给水排水，2015.

[8] 房宝智，蔺世平 . 关于综合管廊专项规划编制的几点思考 [J]. 四川水泥，2019.

[9] 丁志强，王优魁，李莎 . 海绵城市综合管廊给排水建设分析 [J]. 中外交流，2017.

[10] 刘钰杰，郭瑞，刘莲馥，等 . 某滨海地区地下综合管廊变形缝渗漏治理研究 [J]. 城市道桥与防洪，2017.

附录2　专利

[1] 青岛市市政工程设计研究院有限责任公司.一体式综合管廊多功能构筑物：CN201820250118.3[P].2018-10-12.

[2] 青岛市市政工程设计研究院有限责任公司.一种适用于城市地下综合管廊的机械排风井：CN202123209833.3[P].2022-04-26.

[3] 青岛市市政工程设计研究院有限责任公司.一种适用于城市地下综合管廊的电缆支架：CN202122364065.2[P].2022-02-22.

[4] 青岛市市政工程设计研究院有限责任公司.一种适用于地下综合管廊支架的预埋构件及安装结构：CN201621085186.6[P].2017-08-29.

[5] 青岛市市政工程设计研究院有限责任公司.一种自然通风和机械通风相结合的综合管廊通风系统：CN201620335121.6[P].2016-12-28.

[6] 青岛市市政工程设计研究院有限责任公司.一种综合管廊不锈钢污水检查井：CN201821393115.1[P].2019-03-26.

[7] 青岛市市政工程设计研究院有限责任公司.一种综合管廊的管线分支口：CN201620334596.3[P].2017-02-15.

[8] 青岛市市政工程设计研究院有限责任公司.一种综合管廊内污水管道进出线系统：CN201920225584.0[P].2019-11-19.

附录3 规范及标准

青岛市市政工程设计研究院先后主编完成了山东省工程建设标准《城市地下综合管廊工程技术规范》《青岛市城市综合管廊工程建设技术导则》，并参编完成山东省工程建设标准《城市地下综合管廊运行与维护技术规程》及《城市地下综合管廊工程施工及验收规范》《青岛市地下综合管廊竣工验收导则》等标准、规范及文件。

附录4 课题研究

2022年，由青岛市市政工程设计研究院自主完成的《城市地下综合管廊建设关键技术研究》获得"2021年度青岛市科学技术奖"二等奖。

参考文献

[1] 油新华，曲连峰，罗朝洪 . 我国城市综合管廊的建设经验、问题与建议 [J]. 隧道建设（中英文），2020，40（5）：621-628.

[2] 油新华 . 我国城市综合管廊建设发展现状与未来发展趋势 [J]. 隧道建设（中英文），2018，38（10）：1603-1611.

[3] 梁宁慧，兰菲，庄炀，等 . 城市地下综合管廊建设现状与存在问题 [J]. 地下空间与工程学报，2020，16（6）：1622-1635.